KB239811

인간사냥꾼은
물위를 달리고 싶어했다

인간사냥꾼은 물위를 달리고 싶어했다

2009년 6월 8일 초판 1쇄 발행
지은이 이대택

펴낸이 이원중 책임편집 김명희 디자인 박선아 출력 경운출력 인쇄·제본 상지사
펴낸곳 지성사 출판등록일 1993년 12월 9일 등록번호 제10-916호
주소 (121-829) 서울시 마포구 상수동 337-4 전화 (02) 335-5494~5 팩스 (02) 335-5496
홈페이지 www.jisungsa.co.kr 블로그 blog.naver.com/jisungsabook 이메일 jisungsa@hanmail.net
편집주간 김명희 편집팀 손효진, 조현경 디자인팀 이유나, 박선아 영업팀장 권장규

ⓒ 이대택 2009

ISBN 978-89-7889-197-4 (03400)

잘못된 책은 바꾸어드립니다. 책값은 뒤표지에 있습니다.

이 도서의 국립중앙도서관 출판시도서목록(CIP)은 e-CIP 홈페이지(http://www.nl.go.kr/ecip)에서
이용하실 수 있습니다.(CIP제어번호: CIP2009001546)

인간사냥꾼은
물위를 달리고 싶어했다

이대택

지성사

인간이 지구에 나타나 살아온 지 참 오래이다. 지구의 나이를 24시간으로 따지면 마지막 약 5분에 불과한 시간이 인간의 역사라고는 하지만, 그래도 이 행성에서 인간이 수십만 년 살아온 것으로 추산하고 있으니 분명 짧지 않은 시간이다. 그 동안 인간은 많이 진화해 왔다. 발굴되는 뼈들을 보더라도 지금의 우리와 똑같지 않음은 확실하다.

가끔 학생들과 학교 앞의 비좁은 술집을 찾는다. 술 한 잔 앞에 놓고 이런 저런 얘기를 늘어놓다 보면 때로는 과학에 관한 이야기가 안주로 등장한다. 그때 나는 우리가 생활 속에서 무심히 믿고 있는 것들이 사실은 그렇지 않을 수도 있음을 알리는 기회로 이용한다. 그리고 영화 「쥐라기공원」을 예로 들며, 굉음의 티라노사우루스 목소리가 정말 그랬을까 하는 질문을 던져 본다. 학생들은 잠시 생각하고는 바로 그 뜻을 이해한다. 그렇다. 우리는 공룡의 목소리를 들어 본 적이 없다. 그러니 영화 속의 티라노사우루스의 울부짖음은, 다만 가능한 과학적 근거에 의한 조합적 상상에 불과하다.

사실 이렇게 따지면 우리가 알고 있다고 생각하는 많은 것들은 전혀 우리가 보거나, 듣거나, 냄새 맡거나, 만져 보았거나 경험해 본 것들이 아니다. 다만 신뢰도 높은 과학적 증거에 입각하여 이 증거들을 논리적으로 조합해서 '아마도 이랬을 것'이라는 추측의 결과물에 불과하다. 우리가 경험하지 못한 옛것에 대해서는 더욱 그러하다. 결론적으로 우리는 믿을 만한 상상을 만든 것이다.

과거 우리 조상들이 가졌던 육체적 능력도 이 상황 설명의 범주에 속한다. 우리의 먼 조상들이 어떠한 능력을 가졌으며 어떻게 진화했고, 무슨 능력을 잃었으며 무슨 능력을 얻었고, 지금 우리의 능력이 과거에 비해 어떻게 달라졌는지는 잘 모른다. 우리는 지구에서 사라진 공룡도 아니고 지금 현재에도 진행형으로 살고 있으며, 게다가 지구에 살던 동물 중 가장 영악하다고 자부하지만 그래 봤자 우리는 우리 조상의 육체적 능력도 잘 모른다. 미안하기도 하고 안타깝기도 하다.

체육을 공부하고 환경생리학을 전공했다는 나는 이 문제를 그냥 지나칠 수 없었다. 그리고 이 문제를 가장 잘 이해하는 방법이 무엇인가를 고민하고 있었다. 내 연구실에 전화가 울리고 가끔은 전화선 저편에 기자가 수화기를 들고 있다. 기자의 질문은 거의 상투적인 내용이다. 이번 올림픽에서, 세계대회에서, 또는 최근 사람들의 주목을 받는 기사와 연관하여 '과연 인간의 한계는 어디인가'에 대한 내용을 취재하거나 질문하는 것이다. 난감하기는 해도 워낙 일상적인 질문인지라 그리 놀라지는 않는다. 그러면서도 가능한 한 기자들이 원하는 답을 주려고 노력한다. 항상 실패하지만 말이다. 전화를 끊고 나면 늘 후회를 한다. 도대체 누가 인간의 육체적 능력의 한계를 알 수 있단 말인가. 한계가 있을지 없을지도 모르면서 말이다. 또 다시 고민은 깊어진다.

인간의 육체적 능력의 한계는 아마도 인간이 어디까지 자신을 밀어붙이는가에 있다고 생각한다. 인간 능력의 한계를 잠수로 설명해 보자. 보통의 사람들이라면 물속에서 1분 이상 견디기 힘들다. 과연 인간은 물속에서 숨을 쉬지 않고 얼마나 견딜 수 있을까? 그 한계를 말하기 전에 돌고래나 물개를 보자. 이들은 사람과 같은 포유류이고 허파를 가지고 있으며 대기의 공기를 호흡하는 동물이다. 그래서 인간과 이들은 많은 부분을 공유한다. 그렇다면 이들과 같지는 않더라도 인간 또한 물속에서 상당 시간 머물 수 있는 능력이 존재할 것임을 믿어 의심치 않는다. 또 누가 알랴, '잠수로 오래가기'를 올림픽 종목으로 채택하면 물속에서 10분 이상 버티며 1킬로미터 이상 수영할 수 있을지. 그렇게 올림픽을 준비하다가 죽어 가는 선수들도 많겠지만 말이다.

　나의 첫 번째 책 『인간은 환경에 어떻게 적응하는가』에서도 많은 부분 언급하였지만 인간은 지구의 자연환경에 거의 완벽하게 적응해 온 동물이다. 그리고 지금도 적응해 간다. 자연환경뿐 아니라 인간이 만든 사회적 환경에도 자신의 육체적 능력과 모습을 적응시켜 가고 있다. 지구환경에서 인간은 어디에서나 견딜 수 있으며 또 견뎌 왔다. 그래서 인간은 참으로 영악하기도 하지만 잘 버티고 잘 견뎌온 대견한 동물이다.

　『인간사냥꾼은 물위를 걷고 싶어했다』 어쩌면 독자들은 무슨 뜻으로 이러한 제목을 지었는지 의문이 들 수도 있다. 우리의 조상은 분명 사냥꾼이었다. 이들은 과일을 주우러 다니며 사슴의 뒤를 쫓았던 잡식성 동물로서 무엇이든 먹을 수 있는 것을 찾아다녔을 것으로 생각된다. 그래서 '인간사냥꾼'이라는 주체를 설정했다. '물위'란 인간이 가진 육체적 조건으로는 절대 걷거나 뛸 수 없는 공간을 설명하기 위함이었다. '싶어했다'는 결국 인간의 희망을 표현한다. 이 단어들을 종합하자면 우리의 조상인 인간사냥꾼들은 결코 이룰 수 없는 물위를 달리는 것까지도 성취하기를 희망했을 것이라는 정도로 해석하는 것이 합당하다. 동시에 그 정도로 인간의 육체적 능력은 무엇이든 가능했으리라는 것을 표현하고자 했다. 대충 이해가 되었는지 모르겠다. 미래 지향적으로 보자면 우리 인간은 정말 이 지구에서 불가능한 일이 없을 정도로 무엇이든 할 수 있는 능력을 소유한 존재라는 것을 표현하고 싶었다.

이 책의 구성은 결국 과학계에 알려진 내용에 국한된 것만을 다루고 있다. 당연하다. 우리가 알고 있지 못하거나 생각해 보지 못한 것에 대해 언급할 수는 없었으니 말이다. 물론 내가 읽고 공부하고 알고 있었던 내용에 한정되어 있음도 두말할 필요 없을 것이다. 이 책의 내용은 모두 6부로 구성되어 있다.

1부에서 지금 현재 인간의 육체적 능력을 큰 단계에서 결정하는 두발로 서기와 걷기에 대해 설명했다. 아마도 인간의 사회적 · 인지적 · 육체적 능력을 결정적으로 나누는 계기일 수도 있는 내용을 다루었다. 그리고 진화적 측면에서 이 내용을 첫머리로 꺼냈다. 2부는 인간의 몸속에 어떠한 에너지 능력이 있는지에 대해 따졌다. 동시에 이 능력이 다른 동물과 비교해 어떻게 같고 다른지를 설명했다. 에너지는 동물 움직임의 원천이며, 이 에너지가 어떻게 얻어지고 사용되며 배출되는지를 이해해야만이 동물의 능력에 대해 이해할 수 있기 때문에라도 짚어 봐야 할 내용이었다. 3부는 근육의 능력과 다리를 이용해 이동하는 능력을 설명했다. 근육의 수축과 이완은 움직임의 최종 결정판이며, 이를 통해 동물은 모든 활동과 생존을 꾀해 왔기 때문이다. 아마도 근육의 움직임에서 이동에 사용되는 걷기와 뛰기가 동물 에너지 소비량의 대부분을 차지하지 않을까 생각된다. 그래서 3부에서는 걷기와 달리기에 소용되는 에너지에 관한 설명도 하고 있다.

4부는 최소한의 에너지를 이용해 영리하게 돌아다니는 인간의 능력을 살펴보았다. 그리고 인간의 이동 유형에 포함될 수 있는 물건 운반 능력에 관한 내용도 포함시켰다. 직접적으로 동물과 비교하기 어려운 부분이었다. 그럼에도 어쩌면 동물로서는 자주 사용하지 않는 운반 능력과 운반 경로를 설명하는 것이 인간의 능력을 표현하는 데 도움이 될 것이라는 믿음이 있었다. 또한 물건 운반이 인간의 직립에 어떠한 역할을 수행했는지 설명하는 데 도움을 줄 것으로 생각했다. 5부는 인간의 적응 능력을 표현했다. 아마도 다른 동물에 비해 가장 너른 지역에 분포할 수 있었던 것은 인간의 바로 이 능력 때문이 아닌가 한다. 특히 음식에 대한 적응은 요즘 사람들의 관심을 끄는 다이어트와 비만과도 결부되어 있어 현재의 우리가 무슨 일을 벌이고 있는가에 대한 질문을 던지고자 했다. 마지막 부에서는 인간이 아직 덤벼 보지 못한 내용을 다룬다. 인간은 겨울잠을 잘 수 있을까? 그렇다면 겨울잠을 자면서 광속의 먼 우주여행을 할 수 있지 않을까? 우리는 지금보다 더 우수한 잠수 능력을 가질 수 있으며, 육체를 조작하여 더 오래 살 수도 있지 않을까? 이러한 질문들은 확인될 내용이 아니다. 다만 그 가능성에 대해 즐거운 상상을 하자는 것이다. 사람을 상대로 실험할 수도 없는 문제이니 말이다.

　내가 이 책을 쓸 수 있었던 것은 이것이 가능하도록 도와준 많은 사람들 덕분이었다. 불쌍하게 끌려와서 밤새 눈을 비벼가며 술자리를 함께 해 준 많은 학생들이 내 생각을 구체화시켜 주는 실험장이었다. 최근에 아버님이 많이 편찮으셨다. 부모님들이 오래 건강하셨으면 한다. 사랑하는 내 아내와 두 딸은 왜 갈수록 더욱 더 예뻐 보이는지 모르겠다. 지성사 식구들의 노고는 항상 이루 말할 수도 없다. 모두에게 감사한다.

북악골에서

이대택

머리말

1부 | 인간의 육체적 능력

거울 앞에 서 보자. 옷을 모두 벗고 샤워하기 전, 거울에 비친 내 모습은 머리부터 발끝까지 어느 하나 신기하지 않은 구석이 없다. 희귀 동물원에도 이와 비슷하게 생긴 동물은 한 마리도 찾을 수 없다. 우리는 어떻게 지금의 이런 모습을 하게 되었을까?

두발로 서고, 걷고, 달리기

거울 앞에 서 보자. 옷을 모두 벗고 샤워하기 전, 거울에 비친 내 모습은 머리부터 발끝까지 어느 하나 신기하지 않은 구석이 없다. 희귀 동물원에도 이와 비슷하게 생긴 동물은 한 마리도 찾을 수 없다. 우리는 어떻게 지금의 이런 모습을 하게 되었을까?

사람은 참으로 신기하게 만들어진 창조물이다. 다른 동물처럼 꼬리가 있는 것도 아니고, 머리는 큰 데다 팔과 다리는 얇으면서 길고, 피부에는 털도 없다. 네발동물에게서는 눈 씻고 찾아봐도 찾을 수 없을 정도의 척추 유연성도 있다. 다른 동물과 확연히 구별되는 사람의 손은 던지기부터 젓가락질까지 가능한, 환상적인 정교함을 갖는다.

지금의 이런 모습으로 발전하기까지 참으로 오랜 시간이 걸렸으리라 충분히 예상할 수 있다. 인간의 몸은 오랜 세월 동안 자연선택natural selection에 들어맞도록 진화한 총체적 모자이크이다. 뿐만 아니라 독특한 모양으로 진화하여 다양한 방식의 움직임을 구사하는 인간은 심지어 그 몸놀림이 아름답기까지 하다. 인간은 두 팔을 저으며 우아하게 걸을 수 있고, 춤을 추듯 뛸 수도 있다. 그리고 다른 동물이 부럽지 않을 만큼 강인한 지구력까지 갖추고 있다.

인간이라는 동물의 탄생을 유전학적으로 따져 보면 시간상으로 아주 오래 전 선조로부터 시작한다. 그 시작은 파충류에서 출발해 포유류로, 그리고 다시 유인원과 비슷한 형태로 진화한 것으로 추정된다. 이 진화 과정에서 가장 효율적이고 경제적인 방식으로 몸을 발달시켜 왔다. 인류의 선조는 네발로 지구 중력에 대응하여 자신의 몸을 지탱하였으며, 그 네 개의 발은 자신의 몸무게를 실을 정도로 충분히 강했다.

인간은 아마도 수평 구조를 가진 작은 원숭이로부터 진화했을 것이고, 그 진화에 걸린 시간은 적어도 약 2000만 년 이상이라고 짐작된다. 그로부터 수백만 년 동안 이 작은 원숭이는 점점 더 크게 몸집을 키우며 성장했을 것이다. 앞발을 이용해 머리 위의 나뭇가지를 잡기도 하고, 나무 위의 열매를 따 먹기도 했을 것이다. 그러던 중 언제부터인가 서서히 두발로 시 있기를 더 좋아했으며, 점차 누발로 서 있는 시간을 늘려 갔을 것이다.

지금으로부터 약 600~700만 년 전, 우리 조상은 선 자세에서 뒷다리만을 이용해 걸어다녔을 것으로 보인다. 에티오피아에서 발견된 오스트랄로피테쿠스 아파렌시스*Australopithecus afarensis*, 즉 루시Lucy가 활동한 320만 년 전쯤에 이르러서 이들의 주된 이동 방식은 벌써 서서 걸어다니는 것이었을 것이다. 우리가 아는 250여 종의 원숭이 중에서 단 한 동물도 두발로 걸어다니는 것이 없다. 오직 사람만이 두발로 걷는다. 두발걷기는 그만큼 동물 세계에서, 아니 전 우주에서 가장 독특하면서도 유별난 이동 방식이다.

인간이 네발에서 두발로 이동 방식을 바꾼 것은 문명과 인간의 육체 능력에 급격한 변화가 시작됨을 알리는 신호탄이었다. 흔히 사람을 정의하는 방법 중의 하나가 뇌 크기라고 하는데, 사실 시간적 배경을 살펴보자면 인간의 뇌가 급격히 확장되기 시작한 시기는 약 200만 년 전으로 추정되며, 이보다 수백만 년 이전부터 인간은 직립하고 도구를 사용하기 시작했다.

그런데 인간은 어떤 이유로 다른 동물들과의 동질성을 버리고 자신들만의 독특한 이동 방식을 택했을까? 모든 동물이 선택해 사용하는 네발이 어떻다고 네발 사용에 불만을 품었을까? 네발의 장점을 모두 잃어버리면서까지 두발을 선택한 이유는 무엇이었을까?

직립한 인간은 다른 동물에서 볼 수 없는 다양한 육체적 대가를 치러야 했다. 그 대가는 현대 인류에게까지 고스란히 전해 내려오고 있다. 두발로 서는 인간은 발바닥 통증과 함께 무릎 부상을 감수

해야만 했다. 허리를 꺾고 뒤틀며 다양한 상체의 움직임을 구사할 수 있게 되었지만, 대신 일생을 살면서 한 번쯤은 허리 통증을 겪어야 했다. 현대인 중 약 80퍼센트가 평생 한 번쯤 요통을 경험한다는 의학 통계 기록이 있다. 가히 전 세계의 모든 국가가 허리 통증을 공통 주제로 하여 토론할 수 있을 정도이다.

허리 통증은 척추가 어긋나거나 척추뼈 사이의 교열에 이상이 발생하는 현상이다. 현상이야 어떻든 근본적인 이유는 바로 인간이 두발로 직립했기 때문이다. 네발동물들은 수평이나 아치형의 모습으로 척추를 유지하지만, 그 자세를 버린 인간은 직립하는 대신 허리 통증을 얻은 것이다. 기원전 400년 히포크라테스 시절부터 양 발목을 잡아 거꾸로 세우는 테이블 형태의 거꾸리가 존재했다는 기록이 남아 있는 것을 보면, 허리 통증이 얼마나 오래된 인간만의 질환인지 가히 짐작할 수 있다. 의학이 고도로 발전한 현재까지도 허리 통증의 처치 방법에 대해 누구도 안벽하게 제안하지 못하고 있다.

인간은 두발만을 사용하겠다고 선언함으로써 허리 통증 외에 또 다른 손해를 보게 되었다. 걷는 방법에서 안정성과 속도를 잃어버린 것이다. 다른 동물들처럼 재빠르고 유연하게 나무를 오르지 못하게 됨으로써 중요한 식량의 원천이나 과실을 거둬들이는 능력이 떨어지게 되었다. 유연하고 미세한 조절이 가능했던, 그러니까 두발가락을 서로 마주칠 수 있을 정도로 기능적이고 중요했던 뒷발의 능력을 포기하는 대신 손에 도구를 쥐었던 것이다. 뼈도 약해졌다. 직립의 생활화는 다른 동물들보다 인간의 뼈가 약해지는 원인으로 작용했고, 관절의 강도도 약해지면서 척추가 위험한 지경에까지 이르게 되었다. 여성은 골반이 작고 좁아졌으며 그 때문에 출산의 위험과 고통이 배가되었다.

그러나 인간은 이러한 위험성과 불합리성을 받아들이고 감내하면서까지 두발로 걷고 뛰고자 하는 열망을 포기하지 못했다. 어떤 유혹 때문이었을까? 단지 도구를 사용하기 위해서? 두 팔로 나무 높은 곳의 맛있는 과일을 따려고? 아니면 두 손으로 먹을 것을 나르거나 아기를 안으려고? 정확한 이유는 알 수 없지만 한 가지 분명한 이유는 존재한다. 바로 한 장소에서 다른 장소로 이동하는 동안 사용되는 에너지를 줄이려는 것이었다. 식량을 찾고 운반하는 동안 몸이 필요로 하는 에너지 사용을 최소화한다면, 남은 에너지는 바로 자신의 성장과 생식에 재투자될 확률이 높기 때문이다.

고고지리학에서는 인간이 처음 직립한 시기를 지금으로부터 약 600~700만 년 전으로 보는데, 당시에는 인간이 먹을 수 있는 음식이 보다 넓은 지역에 퍼져 분포해 있었을 것으로 추정된다. 환경적으로 살펴보면 당시 기온은 지금보다 온화한 상태로 빙하가 줄면서 숲이 우거지게 되었고, 숲은 밀집 형태에서 좀 더 열리고 확장된 모습을 보이기 시작했다. 이러한 환경 변화는 음식을 구하는 거리가 그 이전보다 훨씬 더 넓어졌을 것이라 예상하게 한다. 네발을 사용하던 우리 조상이 더 좋은 음식을 찾고자 더 멀리 이동하는 동안, 경제적인 이동 방식을 이용하면 할수록 더 유리하다는 사실을 깨달은 것이다. 결국 이런 이유는 네발의 안정성과 유용성을 버리고 두발 이동을 선택하기에 충분했다.

서서 걷던 인간은 이제 달리기에 도전했다. 걷는 것이 '이동'의 목적이었다면, 달리는 것은 긴급한 상황에서 이동 또는 생명 보호 수단으로 사용되었다. 물론 먹잇감을 쫓는 과정에서도 달리기는 걷기보다 유용한 방법임이 틀림없었을 것이다. 인류는 걷기와 달리기를 통해 장거리를 이동하며 진화했을 것이다. 달리기가 인간의 걷기 능력과 함께 발달했는지, 아니면 걷기 능력이 발달한 후에 달리기 능력을 발달시켰는지는 확실하지 않지만 인간이 왜 뛰기 시작했는지 이해할 필요가 있다. 왜냐하면 걷기가 훨씬 더 쉽고, 안전하며, 에너지 비용도 적게 지출하는데 굳이 달리기를 선택했다면 거기에는 분명히 어떤 이유가 있을 것이기 때문이다.

우리가 추측할 수 있는 하나의 가능성은 단백질 섭취에 대한 유혹이다.[1] 다른 동물을 잡아먹는다는 것은 고기, 뼈의 골수, 뇌 등과 같은 단백질이 풍부한 식량을 보장받는 길이기 때문이다. 달리면서 적지 않은 에너지를 소비했지만 그 결과로 에너지 투자에 대한 충분한 보상이 주어졌다. 썩은 고기를 찾아다니는 자연 생태계의 청소부였든지, 아니면 사냥을 통해 신선한 고기를 먹었든지 지구성 달리기는 인간에게 단백질과 지방을 섭취할 수 있도록 해 주었다. 이를 통해 인간은 큰 체구, 짧은 내장, 큰 뇌, 작은 이빨을 가진 신체 구조로 모습을 변화시켰다.

그러나 당시의 인간은 달리기 능력을 습득했다고 해도 그리 속도가 빠른 동물은 아니었다. 오히려 네발을 버리고 두발로 달리기에는 네발동물을 따라갈 수 없었다. 흔히 인간탄환이라 불리는 올림픽 100미터 달리기 선수도 최대 속도가 1초당 10.2미터에 지나지 않으며, 이 속도를 유지할 수 있는 시간도 약 15초 정도이다. 반면 포유류 중 달리기에 특별한 재능을 가진 말이나 경주견인 그레이하운드, 가지뿔영양 등은 최대 속도를 1초당 15~20미터까지 낼수 있으며, 이 속도를 몇 분 동안 유지할 수 있다. 사람이 달리는 데 사용하는 에너지 비용은 다른 포유류보다 높으며, 특히 비슷한 신체 조건의 동물과 비교하면 같은 거리를 이동하는 데 거의 2배 이상의 에너지를 소비한다. 게다가 사람은 빠르게 달리는 도중의 몸놀림이나 방향 전환이 자유롭지 못하다. 구조상으로도 다른 많은 네발동물들이 안정적인 속도를 내기 위해 몸을 지탱하는 긴 발가락의 다리나 짧은 윗다리 등을 갖추지 못했다.

직립은 달리기를 물리적으로 방해하는 자세이다. 직립 자세는 엉덩이와 무릎의 각이 거의 완전히 펴진 상태를 요구하며, 이때 몸의 무게중심은 다리로부터 거의 수직으로 위쪽에 있게 된다. 이 두 가지 요인은 땅을 박차고 앞 방향으로 나가는 지면반력을 제한하게 된다. 그러나 네발동물은 이와 다른 물리학적 유형을 보여 준다. 엉덩이나 무릎 관절은 최소한의 각도로 구부러져 있으며, 발로 땅바닥을 밀칠 때 다리가 완전히 힘있게 뻗을 수 있도록 되어 있다. 따라서 몸의 무게중심이 다리의 앞쪽에 놓임으로써 땅바닥을 박차고 나가는 수평 방향의 강한 지면반력을 갖는 것이다. 잠시나마 인간에게서도 이런 자세를 엿볼 수 있는데, 100미터 달리기에서 선수들의 출발 자세가 이런 경우이다. 이 자세는 달리기에 강한 네발짐승의 신체 구조적 장점을 잘 보여 주는 모습이다. 인간의 일상적인 걷기와 달리기는 이러한 장점을 희생시키고 있는 것이다.

속도가 빠르지 못한 인간은 다른 방식으로 속도의 열세를 극복했다. 즉 동물 세계에서 상대적으로 우수하다고 할 수 없는 달리기 주자이지만, 이를 만회하기 위해 느리지만 지속적으로 달리는 전략을 수립한 것이다. 일정한 속도를 유지한 채 지속적으로 달리는 능력을 우리는 '지구성 능력'이라고 일컫는데, 이 능력은 다른 유인원에서 찾아볼 수 없는 인간만의 독특한 능력이다. 지구성 달리기 능력은 들개나 하이에나 같은 사회성 육식동물social carnivores, 영양과에 속하는 누wildebeest나 말 같은 이동성 유제동물migratory ungulates을 제외한 다른 네발동물들에서는 거의 찾아볼 수 없다.

그러나 걷기에 비해 달리기는 그 충격이 만만치 않았다. 달리는 도중 발에 가해지는 충격은 다리에서 허리로, 다시 허리에서 머리로 전달되었다. 충격을 완화하거나 무마시켜 머리로 전해지는 충격을 줄이는 것이 급선무였다. 빠르게 달리는 동안 다리에 가해지는 충격이 체중의 3, 4배에 이르는 것을 생각하면, 이런 충격을 완화해 줄 장치가 필요했을 것이다. 그래서 발바닥 중간의 충격 흡수를 증가시켰으며, 충격을 감당해야 하는 발바닥뼈의 관절 면적을 넓힘으로써 충격을 분산시켰다. 인간과 체구가 비슷한 다른 동물에 비해 인간의 관절 표면적이 훨씬 넓으며 무릎뼈, 대퇴골, 천장골이 크다는 것이 이러한 논리를 뒷받침한다.

두발걷기나 두발달리기는 네발걷기나 네발달리기보다 본질적으로 불안정했다. 마치 네발 책상과 두발 책상의 안정성을 비교하는 것과 같다. 인간은 두발로 걷거나 달리는 동안 안정과 균형을 동시에 유지해야 했다. 그래서 이를 위한 특별한 메커니즘을 발달시켰으며, 달리는 동안 몸을 앞으로 기울이는 방법을 택했다. 또한 달리는 동안 상체와 머리의 안정을 위해 등근육을 발달시켰다.

물리·역학적 측면뿐만 아니라 생리적인 적응과 변화도 필요했다. 장시간의 운동은 몸속에서 많은 열을 생산하게 만들었고, 증가하는 체온을 효율적으로 조절할 수 있는 능력이 요구되었다. 그래서 땀샘을 발달시켰고 대부분의 털이 제거되었다. 체형도 체온 조절에 적합하게 재조정해야 했다. 특히 단백질 섭취가 증가하면서 체형이 커졌고 상대적으로 가느다란 팔다리를 갖게 되었다. 체중당 단위체표면적을 늘림으로써 발열 기능을 향상시켰던 것이다. 지속적인 달리기는 몸속에서 많은 산소를 필요로 했으며, 이를 위해 더 많은 호흡량이 요구되었다. 인간은 필요할 경우 달리는 동안 코와 입으로 숨을 쉴 수 있는 동물이다.

현대를 사는 인간은 이제 더 이상 먹이를 얻거나 살아남기 위해 다른 동물들과 경쟁할 필요가 없어졌다. 걷기와 달리기는 인간으로서 살아남기 위한 수단의 목록에서 사라졌으며, 운동이나 여가 활동의 일부분으로 남아 있을 뿐이다. 그러나 두발로 서기와 걷기, 그리고 달리기는 인간의 체형과 몸을 형성하는 데 결정적 역할을 했으며, 인간이 인류 문명을 형성하는 데에도 크게 공헌했다. 두발로 서기는 인간이 지닌 많은 육체적 능력을 앗아갔지만 반대로 지구환경에서 이러한 형태와 기능의 동물이 살아남을 수 있다는 흥미로운 가능성을 보여 주었다.

동물과 비교하여 인간이 잃어버린 능력은 무엇이며, 반대로 우리가 새롭게 만들어 낸 육체적 능력은 무엇일까? 현재까지 알려진 과학적이고 논리적인 추리와 실제적인 연구 결과를 통해 인간과 동물의 능력을 비교해 보는 것이 정답을 찾아가는 디딤돌이 될 것

이다. 이제부터 인간이 지닌 육체적 능력의 현주소를 살펴보기로
하자.

2부 | 움직임의 원동력인 에너지와 대사 능력

크든 작든 동물들이 움직이는 모습을 보면 문득 신기하다는 생각이 든다. 자동차는 기름으로 움직인다지만 저 작은 생명체는 무엇을 먹고 저렇게 움직일 수 있을까? 가을 하늘을 나는 잠자리는 무엇을 먹고 온종일 쉬지 않고 날아다닐 수 있을까? 겨울 철새들을 보면서 이런 궁금증은 더 커진다. 거의 먹지도 않고 수십 킬로미터의 먼 거리를 날아서 이동하는 그들의 힘은 도대체 어디에서 오는 걸까?

음식을 깨고, 부수고, 다시 조립하기

크든 작든 동물들이 움직이는 모습을 보면 문득 신기하다는 생각이 든다. 자동차는 기름으로 움직인다지만 저 작은 생명체는 무엇을 먹고 저렇게 움직일 수 있을까? 가을 하늘을 나는 잠자리는 무엇을 먹고 온종일 쉬지 않고 날아다닐 수 있을까? 겨울 철새들을 보면서 이런 궁금증은 더 커진다. 거의 먹지도 않고 수십 킬로미터의 먼 거리를 날아서 이동하는 그들의 힘은 도대체 어디에서 오는 걸까? 새들도 자동차처럼 기름을 다 쓰면 하늘에서 멈춰 버릴까? 동물들은 과연 어디에서 이런 굉장한 힘을 얻는지 궁금할 뿐이다.

힘이 어디에서 나오는지 따지기 전에 먼저 동물들의 움직임부터 살펴보자. 동물들이 움직이는 원리는 간단하다. 동물의 움직임은 뼈, 관절, 근육의 합작품이다. 최소한 범위를 척추동물로 한정한다면 이것이 정답이다. 만약 이 세 가지 중에 하나라도 없으면 동물은 움직일 수 없다. 관절이 없는 인간을 상상해 보자. 모든 관절이 고정되어 온몸이 뻣뻣할 뿐만 아니라 조금도 움직일 수 없을 것이다. 근육이 짧아지거나 길어져도 움직임은 발생하지 않는다. 만약 뼈가 없다면 어떨까? 움직임 이전에 인간의 몸 자체가 와르르 무너질 것이다. 그런 인간의 모습은 상상하기도 어렵다. 또 근육이 없다면……? 뼈만 앙상한 인간의 모습도 이상한 그림이다. 해부학 시간에 배우는 과학실의 뼈만 남은 인체모형 같을 것이다.

뼈는 인간의 모습을 우리가 현재 볼 수 있는 지금의 모습처럼 만들어 주는 철골구조와 같은 역할을 한다. 관절은 뼈와 뼈가 상대적인 위치에서 움직임이 가능하도록 도와주는 경첩 정도로 생각하면 이해하기 쉽다. 뼈와 관절은 인간의 움직임을 유발하는 직접적인 원동력이라기보다는 몸을 고정시켜 잡아 주고, 축을 만들어 주는 역할을 할 뿐이다. 근육은 이보다 직접적인 움직임의 원동력이다. 근육이 짧아지거나 길어짐으로써 관절을 중심으로 뼈가 움직이노록 작용한다. 이러한 근육의 움직임이 우리의 모든 행동을 관장하는 것이다.

그러면 움직임의 원동력인 근육의 수축과 이완은 어떻게 가능한 것인가? 여기서 우리는 대사metabolism라는 특정한 과정을 살펴볼 필요가 있다. 인간을 예로 들어 설명하면 대사란 인체 내에서 발생하는 모든 물리적 · 화학적 에너지 변환을 총체적으로 일컫는 말이다. 대사는 하나의 과정이 아니라 여러 단계가 체계적으로 엮어진 일련의 연속 과정이다. 그래서 보통 '대사'라는 말보다 '대사 과정'이라는 말을 자주 사용한다.

대사 과정이란 우리가 먹은 음식을 몸속에서 분해하여 다른 에너지로 전환하고, 이렇게 전환된 에너지를 우리가 생명체로 살아가는 데 필요한 다양한 형태로 변화시키는 과정을 말한다. 즉 섭취한 음식이 뼈와 근육을 만들고, 호르몬을 생성하며, 우리가 지하철을 타려고 계단을 내려가는 힘으로 바뀌는 것은 물론, 인체 구성물질이 분해되어 몸 밖으로 배출되는 모든 과정까지를 포함한다. 인간을 잘 만들어진 하나의 기계라고 가정하면, 외부로부터 에너지 원료를 받아 필요에 의해 시간과 장소에 맞추어 다양한 목적으로 사용하고, 혹시 찌꺼기나 버릴 것이 있으면 이들을 몸 밖으로 내보내거나 바꾸는 과정이 모두 대사 과정인 것이다.

좀 더 쉽게 사례를 들어 보자. 저녁식사를 하러 식당에 간다. 삼겹살을 구워 깻잎 위에 마늘과 김치 조각을 얹어 상추로 싸서 한입에 쏙 넣는다. 우리는 몸속으로 통하는 입이라는 구멍을 통해 음식을 위장으로 집어넣는다. 시간이 지나면서 씹어 삼킨 음식들이 소화되어 간다. 입을 통해 들어간 여러 가지 음식은 형태 그대로 우리 몸속으로 배달되는 것이 아니다. 깻잎을 먹었다고 깻잎이 뼈에 부착되어 뼈로 만들어지는 것이 아니며, 삼겹살의 돼지고기 근육이 우리 근육과 지방 저장고에 부착되어 바로 우리 몸에서 근육의 일부분으로 변하는 것이 아니라는 말이다.

우리가 생물시간에 배웠듯이 먹은 음식은 다양한 과정을 거쳐 우리 몸에 흡수된다. 입에서 씹히면서 최소한의 크기로 잘려 위로 보내지고, 위에서는 소독과 분해 과정을 거치며, 소장에서 최소한의 화학적 단위로 바뀌어 우리 혈관 속으로 흡수된다. 우리는 쉽게 이를 소화라고 하는데, 이 소화 과정 또한 대사 과정의 일부에 속한다. 소화된, 그리고 최소한의 단위로 흡수된 음식물은 비로소 우리가 요구하는 다른 형태의 것들로 재조립된다. 즉 상추라는 다량의 탄수화물로 이루어진 하나의 화학구조물은 소화와 흡수 과정에서 깨지고 잘려 당분의 형태로 바뀌게 된다. 마치 조립된 레고 덩어리를 모두 하나하나의 조각으로 산산이 흩어 놓는 것과 같다. 그리고 이 조각들이 다시 몸속에서 우리가 필요로 하는 새로운 형태의 조립된 레고 덩어리가 되는 것이다. 이 모든 과정이 대사 과정에 포함된다.

대사 과정은 크게 두 가지로 분류되는데, 한 과정은 큰 덩어리를 작은 덩어리들로 잘게 쪼개는 이화작용catabolism이고, 또 다른 과정은 작은 요소들을 뭉쳐 하나의 큰 덩어리로 조립하는 동화작용anabolism이다. 이렇게 깨고 부수는 이화작용과 부스러기를 추슬러 다시 조립하는 동화작용이 진행되는 동안 우리 몸은 에너지를 방출하기도 하고, 반대로 에너지를 필요로 하기도 한다.

　방금 우리가 먹은 상추 이야기로 되돌아가 보자. 상추는 큰 덩어리의 탄수화물인데 소화를 통해 이 덩어리가 잘게 쪼개져 하나하나의 당분으로 나뉘게 되면, 각자의 당분끼리 붙어 있을 때 서로 당기던 힘(에너지)이 흘러나오게 된다. 우리가 밥을 먹으면 한동안 몸이 따뜻해지는 이유가 바로 여기에 있다. 먹은 음식이 위에서 분해되는 동안 큰 덩어리에서 작은 조각으로 깨지면서 작은 조각들이 서로 붙잡고 있던 에너지를 놓아 버리는 것이다. 그리고 이 에너지는 열heat이라는 형태로 우리 몸을 데우는 것이다. 우리 몸의 대사 작용은 신기하게도 차가운 상추 한 장이 우리 몸에서 소화 과정을 거치면서 열을 낼 수 있도록 해 준다. 다르게 표현하면 우리는 상추를 먹는 것이 아니라 작고 약한 상추 한 장이 지닌 에너지를 먹는 것이라고 할 수 있다.

　자연의 법칙에서 우리는 이러한 음식물이 몸속에서 열로 바뀌는 것을 에너지 전환 과정으로 설명한다. 섭취된 탄수화물 덩어리의 화학에너지가 소화를 통해 열로 바뀌는 과정이다. 동물들은 입을 통해 몸 밖의 화학에너지 덩어리를 먹고 이 화학에너지를 열에너지로 바꾸는 일종의 화로와도 같다. 그리고 동물들은 이 화로의 역할을 거의 완벽하게 수행한다. 인간도 예외가 아니어서 자연이 만들어 준 36.5도의 온도를 유지하는 화로로 살고 있다.

다양한 종류의 대사율

지금까지의 음식에 관한 이야기는 대사율metabolic rate을 이해하기 위한 사전 포석에 불과하다. 지금부터는 본격적으로 대사율에 대해 알아보기로 하자. 우리가 인간의 신체적 기능을 이해하는 과정에서 대사율과 대사량이 중요한 이유는 무엇일까? 그것은 대사율에 따라 동물의 조절 기능과 능력에 차이가 생기기 때문이다. 인간의 육체적 능력을 말할 때 대사량을 빼고는 그 능력을 설명하기 어렵다. 그러면 대사율이란 무엇일까? 대사율이란 현재 진행되고 있는 대사량이 단위시간당 어느 정도 이루어졌는가를 정의하는 용어이다. 즉 대사율이 높다는 것은 단위시간당 대사량이 많다는 뜻이며, 반대로 대사율이 낮다는 것은 단위시간당 대사량이 적다는 의미이다.

대사가 생명체의 생명을 유지하는 기본 기능이라면, 대사율은 생명체가 어느 정도 활성화되어 있는가를 평기하는 단위이다. 또 인체가 얼마나 빨리 에너지를 사용할 수 있는가를 나타내는 척도이기도 하다. 즉 대사율이 높은 사람일수록 더 많은 에너지 사용 능력을 갖췄다고 평가할 수 있다. 단순히 대사율이 높다고 좋은 것은 아니며, 필요에 따라 적절한 수준의 대사율을 발현시키는 효율성이 더 중요하다. 특히 인간처럼 체온을 일정한 범위 내에서 유지하는 동물에게 대사는 생명 유지에 결정적 역할을 한다.

만약 대사가 원활하게 일어나지 않으면 열을 발생시키지 못하며, 그렇게 되면 생명 자체에 위협을 받는다. 반대로 대사가 무작정 과다하게 일어난다면, 불합리하게도 그만큼 에너지 변환이 더 많이 더 빠르게 진행될 수밖에 없다. 결과적으로 과다한 대사율은 인체 내에 축적된 에너지를 더 많이 사용해 버린다는 것이며, 이를 위해서는 더 많은 음식을 계속 섭취해야 한다. 그리고 인체라는 기계는 그 가동률을 더 높여야만 한다. 역설적이지만 생명체가 살아남기 위한 가장 효율적인 방법은 최소한의 수준에서 대사율을 유지하는 것일 수도 있다. 이 효율성에 대해서는 뒤에서 다시 한 번 설명하기로 한다.

지금까지 대사, 대사 과정, 대사율에 대하여 알아봤다. 이번에는 다양하게 분류되는 대사율에 대해 알아보자. 과학에서 분류란 학자들이 편리를 위해 나눈 인위적 도구에 불과하다. 의사 소통의 쾌속성과 편리성, 이해 수준의 획일성을 마련하기 위한 방편인 셈이다. 여기서 대사율을 분류하는 방식이나 그 실제인 측정값에는 상당한 편차가 존재함을 미리 전제해야겠다. 그럼에도 다음과 같은 분류는 동물과 인간의 대사율을 이해하는 데 중요한 기준으로 이용되고 있다.

먼저 하루 총에너지 소비량total daily energy expenditure: TDEE이다. 글자 그대로 하루 동안 소비하는 에너지의 총량이라는 뜻이다. 하루 총에너지 소비량은 세 가지 에너지 대사량의 합계로 계산된다. 기초 에너지대사량basal metabolic rate: BMR, 식이유발성 발열dietary-induced thermogenesis: DIT, 그리고 운동에너지대사량exercise metabolic rate: EMR이 그것이다. 사람의 하루 총에너지 소비량 중 대부분은 기초 에너지대사량이 차지하며, 운동에너지대사량은 사람마다 서로 다른 차이를 보인다. 하루 총에너지 소비량의 차이는 바로 이 운동에너지대사량의 차이 때문이라고 이해하면 큰 무리가 없을 것 같다.

기초 에너지대사량은 인체가 생명을 유지하는 데 필요한 최소한의 에너지대사량을 말한다. 간단히 말하자면 밥을 먹은 지 4시간 정도 지난 후, 소화 과정이 이미 끝난 상태에서 조용하고 쾌적한 환경을 보장받으며 누워서 눈감고 가만히 있을 때 필요한 에너지대사량이다. 식이유발성 발열은 음식을 먹고 난 다음에 급상승하는 대사율을 뜻하는데, 소화되는 과정에서 사용되는 에너지대사량을 말한다. 운동에너지대사량이란 사람이 편히 쉴 때를 제외한 모든 움직임, 가볍게 운동하는 것부터 힘들게 운동하는 것까지 활동중에 나타나는 기초 에너지대사량 이상의 에너지 소비량을 말한다. 이러한 분류와 정의는 동물의 에너지 효율성과 경제성을 설명하는 데 필요하다.

대사율을 측정하는 방법

대사율이 무엇인지에 대해 설명했으니 대사율을 측정하는 방법도 알고 넘어가자. 대사율 측정 방법을 이해하려면 먼저 에너지에 대하여 알아야 하니까, 일단 에너지에 대한 공부부터 해 보자.

자연에 존재하는 에너지 유형은 여섯 가지로 나눌 수 있다. 태양과 같은 빛에너지, 우라늄과 같은 핵에너지, 번개와 같은 전기에너지, 불과 같은 열에너지, 기름과 같은 화학에너지, 자동차와 같은 기계(운동)에너지가 그것이다. 이 여섯 유형의 에너지는 열역학thermodynamics법칙에 의해 서로 전환이 가능하다. 예를 들어 휘발유와 같은 화학에너지가 자동차를 움직이는 운동에너지로 바뀔 수 있다. 사람은 이 중에서 네 가지 유형의 에너지를 활용한다. 먹는 음식은 화학에너지인데, 이 화학에너지는 우리 근육을 움직이게 하는 운동에너지로, 추위에서 체온을 유지하기 위해 생산되는 열에너지로, 또는 신경에서 사용되는 전기에너지로 변환된다.

우리가 먹는 음식을 예로 살펴보자. 우리가 섭취하는 채소는 태양의 에너지를 끌어들여 광합성을 한 후, 이를 통해 단백질, 지방, 탄수화물 형태의 화학에너지를 만들어 자기 몸속에 저장한다. 인간은 음식 섭취를 통해 이렇게 만들어진 식물의 화학에너지 덩어리를 먹는다. 우리 몸에 들어와 대사 과정을 거친 에너지는 다른 형태의 에너지로 전환되거나 체내에 저장된다. 몸에 새롭게 들어온

에너지나 이미 저장되어 있던 에너지는 필요할 때마다 조금씩 쓰이게 된다. 이때 가능하면 최대한의 효율성을 유지하는 것이 유리하다. 만약 몸속으로 들어온 에너지보다 사용하는 에너지가 많아지면 에너지 부족 현상이 일어날 수 있기 때문이다. 따라서 몸속으로 들이고 사용하는 에너지 양의 균형을 맞추는 것이 무엇보다 중요하다 하겠다.

그렇다면 한 유형의 에너지가 다른 유형의 에너지로 전환되는 과정을 정량화시킬 수만 있다면 대사량 또는 대사율을 측정할 수 있지 않을까? 그렇다. 에너지전환 과정을 포착하여 계산하면 대사량이나 대사율을 추정할 수 있다. 우리 몸이 가진 에너지 유형인 전기 · 열 · 화학 · 운동 에너지의 네 가지 에너지가 서로 바뀌는 과정 중에서 가장 손쉽고 정확한 방법을 선택하면 된다. 보통은 열에너지로 전환되는 과정을 가장 선호하는데, 열에너지 측정이 쉽기 때문이다.

그렇다면 열에너지는 어떻게 측정할 수 있을까? 원리는 간단하다. 그 물질이 가진 모든 열을 측정하는 것이다. 이번에도 음식을 예로 들어 보자. 음식(화학에너지)이 열(열에너지)로 바뀔 때의 상황을 측정하려면 득별하게 고안된 기계가 필요한데 이를 폭발열량계 bomb calorimeter라고 한다.

폭발열량계는 열로 전환되는 에너지 함유량을 측정하는 기계

로, 간단히 설명하자면 음식물을 그 안에 넣고 폭발을 일으켜 완전
연소시킨 다음 변화된 온도를 측정하는 것이다. 작동은 폭발열량
계의 밀폐된 내부에 돼지고기 지방 1그램을 넣고 내부를 100퍼센
트의 산소로 채운다. 그리고 산소를 연소시키면 폭발과 함께 1그램
의 지방은 완전히 타서 새까만 재로 변하고, 지방이 가지고 있던 에
너지는 열로 변해 열량계 내부 온도를 올리게 된다. 지방이라는 화
학에너지가 온도라는 열에너지로 바뀐 것이다. 이때 폭발열량계
내부의 온도 변화를 측정해서 지방이 방출한 열이 어느 정도인지
를 파악하고, 이를 통해 지방 1그램의 열량을 알 수 있다.

　　그러면 사람은 어떻게 실험할까? 용기 속에 넣고 폭발시켜 태
울 수는 없으니 말이다. 그러나 열을 이용하는 원리는 마찬가지이
다. 폭발시킬 수는 없어도 사람의 몸에서 열이 방출된다는 사실을
우리는 이미 알고 있다. 사람이 살아가기 위해 유지하는 대사 과정
중에 자연스럽게 열이 생산되고 방출되고 있는 것이다. 사람이 방
출하는 열을 측정하는 데에는 폭발열량계가 아닌 커다란 방이 이
용된다. 이를 대사량 측정실metabolic chamber이라고 한다. 작동 원리
는 일정 시간 사람이 이 방에 들어가 안정을 취하거나 자유롭게 생
활하는 동안 발생하는 실내의 온도 변화를 감지하여 열량 변화를
계산하는 것이다. 이를 직접 열을 측정한다는 뜻에서 과학적으로
는 직접열량측정direct calorimetry이라고 한다.

그런데 이 직접열량측정은 본질적인 취약점을 안고 있다. 시설이 너무 크고 장비가 비싼 데다 시간까지 오래 걸린다. 고심 끝에 과학자들은 이러한 대사량 측정실의 단점을 보완하고 좀 더 정확히 측정할 수 있는 다른 방법을 고안해 냈다. 그렇게 새로 고안된 방법이 현재 우리가 가장 많이 사용하고 신뢰하는 간접열량측정 indirect calorimetry이다. 이 방법은 사람이 호흡하는 동안 어느 정도의 산소를 들이마시고, 어느 정도의 이산화탄소를 내뱉는지 알아봄으로써 대사량을 측정하는 것이다. 마시는 산소와 내뱉는 이산화탄소로 우리의 에너지대사를 알 수 있다? 그렇다. 산소는 우리 몸이 대사하는 데 꼭 필요한 기체인데, 산소가 사용되면 탄수화물과 지방 그리고 단백질이 분해되고, 이 분해 과정에서 이산화탄소가 만들어진다.

재미있게도 사용되는 산소의 양과 만들어지는 이산화탄소의 양은 분해된 세 영양소인 탄수화물, 지방, 단백질의 양과 비례한다. 즉 산소를 많이 들이마시고 이산화탄소를 많이 만들어 낼수록 우리는 더 많은 에너지원을 사용했다는 것을 예측할 수 있다. 그리고 사용된 에너지원의 양을 알면 에너지의 생산량과 대사율을 추정할 수 있다.

최근에는 이보다 더 정확한 방법들이 고안되어 사용되고 있다. 모두 화학적 원리를 이용하여 추정하는 방식들인데 그 수치가 상당히 정확하다. 여기서 소개할 만한 방법은 최근 많이 사용하는 이중표기수doubly labeled water 기법이다. 마시는 물속에 화학적으로 안정적인 수소와 산소 동위원소($^2H_2^{18}O$)를 포함시켜 마시는 방법이다. 동위원소라고 해서 혹시 방사선에 노출되는 것은 아닐까 걱정하겠지만 그렇지 않다. 수소와 산소의 동위원소는 방사능을 갖고 있지 않아 안전하다. 대사량을 알아보고자 하는 사람은 이 물을 마신 후 일정 시간 후에 오줌과 혈액 속에 포함된 $^2H_2$와 ^{18}O의 농도를 검사한다. 표기된 산소는 몸속에서 대사를 통해 물과 이산화탄소를 형성하여 몸 밖으로 배출되고, 표기된 수소는 물을 형성하여 배출된다. 마신 물에 포함된 표기수와 대사를 통해 물로 만들어져 배출되는 표기수의 농도를 이용해 우리 몸속에서 대사가 얼마나 이루어졌는지 알 수 있다. 간편하고 안전한 데다 쉽고 정확하다는 점에서 각광받고 있지만 가격이 비싸다는 단점이 있다.

동물과 인간의 기초대사량 비교

동물의 대사량은 왜 중요한 것일까? 왜 과학자들은 많은 시간을 투자하면서까지 동물들의 대사량에 관심을 두었을까? 대사율과 대사량을 파악하려는 노력은 다른 모든 학문적 연구 주제와 마찬가지로 단순한 학자적 호기심과 더불어 학문적 · 사회적 요구에 의해 시작되었다. 동물과 인간을 대상으로 연구하는 대사율과 대사량의 평가는 각 동물과 인간의 신체 능력의 한계를 알아볼 수 있는 중요한 근거가 된다. 각 동물의 능력을 다른 동물들과 비교해 상대적으로 어느 수준에 있으며, 그 능력이 더 높은 수준으로 발전할 수 있는지 측정하는 것도 대사량을 알아야 가능하기 때문이다. 운동선수를 보면 이러한 요구의 성취를 잘 알 수 있다.

마라톤을 예로 들어 생각해 보자. 장거리달리기에 훈련되어 있지 않은 일반인이나 뛰는 것에 전혀 관심 없는 사람들에 비해 마라톤 선수들은 상당한 수준의 지구력을 지니고 있다. 여기서 지구력이란 일정한 강도의 육체적 운동을 지속적으로 할 수 있는 능력을 말한다. 달리는 동안 심장, 혈관, 허파가 계속해서 움직이고, 이 움직임을 위해 산소와 에너지가 계속 몸속으로 공급되어야 한다. 계속적인 에너지의 공급은 그대로 대사 과정에 반영된다. 대사 작용의 활성화로 에너지 생산과 사용이 증기하면 우리는 대사량 또는 대사율이 증가했다고 설명한다. 결국 지구력이 강한 사람일수록 대사율은 높게 나타난다.

인간의 운동을 먼저 예로 들었는데, 동물과 인간을 비교하는 많은 관섬에서 과학자들은 동물과 인간의 대사량을 비교의 척도로 사용한다. 인간의 기초대사량은 인간과 유사한 크기의 다른 동물들과 비교해 볼 때 비슷한 수준이다. 즉 생물학적으로 인간은 다른 포유류들과 다르지 않다. 그러나 몸집이 큰 포유류의 대사량은 많고 작은 포유류의 대사량은 적다. 당연한 말이겠지만 큰 동물이 더 많은 에너지를 필요로 하는 것이다. 그런데 큰 동물의 대사량이 절대치로는 크지만, 이를 체중 대비로 환산하면 얘기는 달라진다. 종마다 약간의 편차가 있지만 전체적으로 큰 포유류가 작은 포유류에 비해 체중당 대사율이 낮게 나타난다. 작은 생쥐의 단위체중당 대사량이 코끼리의 단위체중당 대사량보다 많다. 체중당 체표면적이 크면 그만큼 외부로 빼앗기는 열이 많아서 그것을 보충하기 위해 더 많은 열을 만들기 때문이다.

사람이 포유류를 기준으로 평균 수준의 대사량을 유지하고 있다고 하지만, 포유류와 조류는 다른 척추동물과는 상당히 다른 양상을 보인다. 여기서 조류와 포유류의 열발생 필요성과 체온 조절에 대해 먼저 이해해야 한다. 두 종은 자가발전 온열동물들이다. 열이란 에너지이며, 따스함을 유지하려면 힘이 필요하다. 몸이 완전히 단열되거나 주위가 온통 따뜻하다면 열을 계속 생산할 필요가 없겠지만, 보통 우리는 주위보다 따뜻한 체온을 유지하고 있어 계속해서 열을 몸 밖으로 빼앗기게 된다. 그래서 빼앗기는 열과 비슷한 양의 열을 계속 생산하여 대사량이 증가하는 형태로 나타나게 된다. 그렇지만 이런 도식화가 모든 것을 설명하지는 못하는 듯하다.

이번에는 포유류와 파충류를 비교해 보자. 두 종이 동일한 체중과 체온이라고 가정하면 포유류가 소비하는 에너지는 파충류보다 5배 정도 많다. 자동차로 말하면 시동을 건 엔진이 계속 파워를 생산하는 것과 마찬가지이다. 체온과 관계없이 체중이 같은 파충류와 비교하면 사람이 더 많은 음식을 섭취한다. 훨씬 더 배기량이 큰 엔진 시동을 걸어 놓았으니 그에 걸맞는 연료 주입이 필요한 것이다. 그리고 사람은 주위보다 낮은 온도에서도 계속해서 열을 발산한다. 심지어 체온과 비슷한 기온에서는 덥다고까지 느낀다.

동물과 인간의 운동대사량 비교

앞에서 인간은 크기가 유사한 동물 종과 비교할 때 기초대사량이 보통 수준에 머물고 있음을 알았다. 그러나 인간의 기초대사량은 일단 운동을 시작하게 되면 특별함을 보인다. 인간이 운동할 때 증가시키는 대사량은 대단히 높은 수준이다. 우리가 빠르다고 느끼는 동물을 예로 들어 보면, 고양이나 토끼는 달릴 때 기초대사량의 10배 수준으로 대사량을 증가시킨다. 고양이나 토끼는 에너지를 무산소성으로 생산하는 능력을 갖췄으며, 따라서 크기가 유사한 다른 동물들보다 훨씬 빠르게 출발하거나 점프할 수 있는 능력을 지닌다. 그 대신 이런 강력한 초기 페이스를 지속적으로 유지하지는 못한다. 그래서 위험이 닥쳤을 때 재빨리 도망쳐 숨을 구멍을 찾거나 나무나 코너를 이용해 순간적인 주로 변경으로 적을 따돌린다. 이런 능력이 없었다면 토끼는 지구에서 살아남지 못했을 것이다. 넓은 평야에서 달리는 토끼를 다른 동물 포식자나 인간들이 다 잡아먹었을 테니까. 다람쥐나 염소도 이와 비슷하다.

인간은 어떨까? 인간의 유산소 능력은 다른 동물들보다 유별날 정도로 대단하다. 아마도 우리에게 익숙한 개나 말을 포함한 몇몇 동물을 제외하면 인간보다 유산소 능력이 뛰어난 동물은 없을 것이다. 사람이 운동 중에 증가시킬 수 있는 대사량의 정도는 사람마다 차이가 있다. 얼마나 잘 훈련되었는지, 동기부여가 얼마나 잘 되어 있는지, 얼마나 오랫동안 훈련되었는지 등에 따라 달라진다. 여유 있게 추정하더라도 지구성 운동 훈련이 잘된, 그래서 유산소 능력이 상당 수준 배양된 사람이라면 기초대사량의 약 20배까지 증가시킨 채 몇 분 동안 그 페이스를 유지할 수 있다. 만약 기초대사량의 약 10배 정도만 증가시켜 운동한다면 몇 시간은 너끈히 그 운동을 지속할 수 있다.

그렇다면 평소 훈련되지 않은 보통 사람은 어떨까? 예측하기 쉽지 않지만 기초대사량의 약 10배 수준에서도 그리 오래 지속하지는 못할 것이다. 물론 열심히 훈련을 계속한다면 높은 대사량에서도 오랫동안 운동할 수 있도록 바뀌게 될 것이며, 이는 인간만의 유전적 고유 능력이다.

육체적 훈련으로 우리가 도달할 수 있는 운동에너지대사량은 과연 우리에게 시사하는 것이 무엇일까? 우리가 이렇게 훈련에 적응할 수 있다는 것은 우리가 대사량을 증대시킬 수 있는 능력이 필요한 환경과 조건에서 진화해 왔음을 보여 준다. 다람쥐와 토끼, 염소 등이 자신들 영역 내의 지형지물을 이용해 순간적으로 이동하는 능력만을 배양해야 했다면, 이 동물들이 장시간 운동해야 할 생태적 상황은 전개되지 않았던 셈일 것이다. 그러나 인간은 이와 다른 조건을 부여받았던 것이다. 동물들과 마찬가지로 생존을 위한 기능 보전 외에 경쟁 수단이나 사회적 필요에 의해 인체를 고되고 힘들게 단련시키는 과정을 거쳤던 것이다. 물론 인간마다 상당한 수준 차이를 보이기도 하지만, 자기 안정 시 대사량의 20배 이상 수준에서 운동할 수 있는 사례를 운동선수에게서 찾을 수 있다는 사실을 잊어서는 안 된다.

동물과 인간의 최대 대사량 비교

동물과 인간이 높일 수 있는 최대 대사량은 어느 정도일까? 최대 대사량을 표현하는 방식으로는, 이를 알아보려는 특정 동물의 기초대사량의 배수로 표시할 수 있다. 동물을 말할 때는 대사범위

배수multiplier metabolic scope라고 하며, 사람은 대사당량metabolic equivalent: MET으로 표현하는데, 두 용어는 유사한 개념이다. 간단히 설명하자면 대사량을 기초대사량의 몇 배까지 올릴 수 있는가를 표현한 것이다.[2]

대사 범위와 동물의 생태 특성을 살펴보면, 비교적 대사 범위가 낮은 포유류는 먹잇감을 잡거나 포식자로부터 도망칠 때 살금살금 기어가다 갑작스런 돌출 작전을 사용한다. 이보다 높은 대사 범위에 속하는 동물은 지속적인 달리기를 통해 먹잇감을 뒤쫓거나 포식자를 피해 도망가는 습성을 지닌다. 먹잇감과 포식자 앞에서 극단적으로 다른 방식의 작전을 쓰는 이 동물들은 전략뿐 아니라 근육 구조와 기능에서도 근본적인 차이를 보인다. 심장과 허파의 크기에서 빨간색 근육과 하얀색 근육의 비율, 근육 내의 탄수화물 저장량, 근육 내의 미토콘드리아 수, 그리고 근육과 뼈의 지렛대 형태까지 모두 다르다. 그들의 생존 전략은 단지 다른 전술을 도입하는 것뿐 아니라 생화학적, 생리적, 구조적 차이를 동반하고 있다.

그렇다면 인간은 어떻게 20배가 넘는 대사 범위를 유지하는 동물로 진화했을까? 어떻게 이렇게 발달할 수 있었던 것일까? 인간의 이런 능력은 장구한 인류의 역사를 설명하는 하나의 도구로 이용되기도 한다. 농경생활로 진입한 인류 문명이 인간의 유산소성 능력을 배양하는 역할을 하지는 못했을지언정 우리의 마라톤 능력은 이미 수만 년 동안 지속되어 왔을 것으로 추정된다. 인간은 두발의 직립 보행으로 최소한 350만 년 동안 걷고 뛰며 살아왔을 것으로 보인다.[3] 그러나 두발로 달리는 이 외로운 주자들은 달리기 선수로서는 그 효율성을 인정받지 못했을 것이다. 네발로 달리는 다른 동물들을 따라잡기는커녕 오히려 잡힐 위험성이 더 높았다. 그러나 속도가 빠르지 않았던 이 동물은, 대신 지구력과 융통성을 소유하는 쪽으로 생존 방식을 바꾸었다. 인간은 다른 동물들을 따라다니면서 뒤늦게 출발하고 쫓아갔지만, 같은 거리를 다른 속도로 달리면서도 비슷한 양의 에너지를 사용하는 효율성을 개발했으며, 다양한 기후와 지형에 적응하는 기민함도 보였다.

모든 동물들이 이동하는 과정에서 열을 생산했는데, 인간은 발생하는 열을 배출하는 기능도 함께 발달시켰다. 인간은 다른 어떤 종의 동물보다도 단위표면적당 훨씬 많은 땀을 흘렸다. 땀이 증발되기도 전에 땅바닥으로 흘려버리는 수순까지 능력을 변화시켰다. 또한 피부의 두께를 최소화시켰으며, 피부에 존재하던 털마저 제거함으로써 아주 약한 바람에도 땀이 쉽게 증발할 수 있도록 했다. 또한 모든 체표면에서 땀이 증발할 수 있도록 하여 열방출의 효율성을 극대화했다. 외부수랭식공법을 사용한 지구상 최고의 기발한 발상이다. 개가 혀를 빼고 헐떡이면서 열을 방출하는 방법과는 달리 호흡 따로, 열 방출 따로의 메커니즘을 발달시켜 달렸던 것이다. 체중 대비 체표면적의 제한적 요인이 호흡과 열발산을 구별하여 작동하게 하는 원인이었을까. 여하튼 지구성 운동을 잘할 수밖에 없는 인간은 자연선택natural selection을 받았을 것이다. 더 멀리, 더 빨리 달리는 인간이 더 좋은 먹잇감을 잡아 왔을 테니 말이다.

무기를 사용하기 훨씬 이전부터 인간은 지구성 능력이 탁월한 포식자로서 먹잇감을 쫓아다녔을 것이다. 이러한 사냥 습관은 몇몇 인류 문화에서 찾아볼 수 있다. 아프리카의 부시먼Bushman, 멕시코의 타라후마라Tarahumara 인디언, 호주의 애보리진Aborigine 등이 대표적인 예이다. 작고 느린 동물은 그렇다 치고 빠르고 날쌘 가젤이나 사슴, 캥거루를 어떻게 뒤쫓았을까? 이런 동물들은 짧은 거리를 뛰면서 쉽게 숨을 곳을 찾는 동물들이 아니라 상당히 빠른 속도로 평야를 달리는 동물들이다. 그래서 필요에 따라서는 이틀 이상 뒤쫓기도 했다.

그렇다면 인간은 어떻게 이런 열등한 조건을 극복할 수 있었을까? 답은 간단하다. 효율적인 속도로 쫓는 것이다. 다만 그 쫓는 속도가 쫓기는 동물에게는 최상의 효율성을 요구하는 속도가 아니라는 점이다. 인간은 최대한 지치지 않고 달릴 수 있는 속도를 유지하면서 다른 동물에게는 비효율적인 이동 속도를 찾아내 뒤쫓았다. 마라톤 선수가 뛰는 속도는 얼핏 생각하면 가혹하게 비쳐질지 모르지만 실제로 선수가 달리는 속도는 생리학적으로 가장 효율적인 속도인 것처럼 말이다. 이처럼 인류는 오랜 역사를 통해 신기할 만큼 효율성을 거듭하면서 발전해 왔다.

유지 가능한 최대 에너지 양

최대 대사량이 높거나 낮다는 수치 기록은 대사적으로 최댓값이 어디까지 올라갈 수 있을 것인지에 대한 질문만 만족시킨다. 이보다 더 현실적인 운동대사 능력의 추정 척도는 무엇일까? 여기에서 언급해야 할 개념은 바로 인간이나 척추동물이 지속적으로 유지할 수 있는 최고 수준의 에너지경비sustained energy budgets이다. 또한 유지 가능 대사량sustained metabolic rate: SusMR은 동물이나 인간이 충분한 시간 동안 자신의 체중 변화 없이 평균적으로 얼마만큼의 에너지 경비를 소비하는지 규정한다. 오랜 시간 동안 운동을 하면서도 체중 변화가 없다는 것은 다시 말해 에너지 섭취량과 소비량이 같다는 것을 의미한다. 높은 수준의 대사량은 계속 유지할 수 있을 때에만 유지 가능 대사량으로 평가받는다.

일반적으로 유지 가능한 최대 에너지 양은 기초대사량의 약 7배를 넘지 못한다. 최대 대사량을 안정 시의 20~30배까지 증가시키는 동물도 순간적인 대사량을 이만큼 증가시킬 수 있다는 뜻이지, 유지 가능한 최대 대사량을 의미하는 것은 아니다. 그렇다면 왜 그럴까?

　먼저 실험과 관찰이 상대적으로 쉬운 인간의 유지 가능한 최대
에너지 양을 알아보자. 일상적인 인간을 대상으로는 한계가 있기
때문에 경쟁적인 스포츠를 하는 선수들을 대상으로 설명하기로 한
다. 인간이 오랜 시간 동안 계속 높은 에너지 경비를 지출해야 하는
스포츠 중 하나가 프랑스에서 열리는 '투르 드 프랑스tour de France'
경기이다. 이 경기는 약 3주 동안 프랑스 전역을 일주하는 사이클
대회이다. 1984년 대회에 참가한 선수들을 대상으로 인간의 유지
가능한 최대 에너지 양을 연구한 자료를 살펴보자. 지구상에서 손
꼽히는 기량과 체력을 가진 선수들이 저마다 기대를 가지고 이 경
기에 참가했다. 이들은 총 22일 동안 자전거 페달을 밟았고, 34개
의 산을 넘으며 총 3,826킬로미터를 달렸다. 경기를 마지막까지
완주한 선수들 중 4명을 대상으로 조사한 바에 따르면, 그들의 하
루 에너지 소비량이 7,000칼로리였던 것으로 나타났다.[4] 선수들은
경기에 필요한 에너지 공급을 위해 경기 중간 고열량 음료를 계속
마셨으며, 경기를 끝낸 저녁에는 소모된 에너지 보충과 다음날 경
기에 필요한 에너지 비축을 위해 엄청난 양의 파스타와 버터를 바
른 빵, 그리고 달콤한 케이크 등을 몰상식할 정도로 위장에 가득 채
워 넣었다. 그러나 이러한 엄청난 양의 에너지 보충에도 불구하고
경기가 끝난 후 이들의 체중과 체지방량은 원칙적으로 변하지 않

았다. 3주 이상 상상하기 어려울 정도의 과도한 운동을 통해서도 체중과 체지방량이 변하지 않았다는 것은 경기중에 필요했던 에너지 양만큼을 계속 충족시켜 자신의 몸속에 저장된 에너지 양은 고갈시키지 않았다는 의미이다.

일반인들과 비교해 하루 섭취 열량이 7,000칼로리에 달한다는 것은 이들이 참으로 대단한 인간들이라는 것을 반증한다. 투르 드 프랑스에 참가한 선수들과 비슷한 신체 조건을 가진 약 70킬로그램 정도의 체중을 유지하는 사람들과 비교해 보면, 평범한 사람들의 하루 기초대사량에 필요한 열량은 1,640칼로리로, 7,000칼로리는 이의 약 4.3배에 달하는 수준이다. 사실 저자와 같이 움직이는 것을 상당히 귀찮아하는 사람이라면 평균적으로 기초대사량의 약 70퍼센트 정도를 더한 값이 하루에 필요한 에너지 경비라고 보면 된다. 이는 움직임이 많지 않은 사람들의 하루 에너지 경비는 약 2,800칼로리라는 계산이 성립된다. 움직임이 많아질수록 하루에 필요한 에너지 경비는 증가한다. 예를 들어 광부처럼 고된 노동을 반복하는 사람의 경우는 3,800칼로리, 군사 훈련병은 약 4,100칼로리 정도를 소비한다. 썰매를 끌고 극한 남극의 추위 속에서 빙하를 건너며 여행한 로버트 스콧ROBERT SCOTT의 경우는 하루 약 5,000칼로리를 소비했다는 기록이 남아 있다.[5] 이런 수치를 생각하면 하루 7,000칼로리가 얼마나 많은 양인지 가히 짐작하고도 남는다.

투르 드 프랑스에 참가한 선수들이 어떻게 그토록 높은 에너지 소비량을 유지할 수 있었는지 감탄하기 전에, 한 가지 궁금한 점이 있다. 인간의 유지 가능한 에너지 비용을 이보다 더 높은 수준으로 끌어올릴 수는 없을까 하는 것이다. 특히 나처럼 운동생리학을 공부한 사람은 이런 질문의 유혹에 쉽게 빠져들 수밖에 없다. 만약 7,000칼로리가 아닌 14,000칼로리를 섭취하고 이를 바로 근육에너지로 전환할 수 있다면 다른 모든 선수들을 손쉽게 따돌릴 수 있지 않을까? 만약 그렇지 못하다면 그 이유는 무엇일까? 그렇다면 그 한계가 정해진 것일까? 인간은 정말 기초대사량의 5배 이하 수준에서 에너지 소비 능력이 제한된 것일까? 그렇다면 그 이유는 무엇일까?

이들 질문에 답하기 전에 먼저 다른 동물을 살펴볼 필요가 있다. 포유류, 조류, 파충류를 포함한 50여 종의 활동성이 강한 척추동물들을 대상으로 유지 가능 대사 범위를 비교해 본 결과(물론 종마다 차이를 없애기 위해 동물 크기와 기초대사량을 표준화한 후에), 동물들의 유지 가능 대사 범위는 1.3부터 7.0까지로 나타났다.[6] 조사한 50여 종의 동물 중에서 11종은 투르 드 프랑스 참가 선수들의 수치를 넘어섰다. 그러나 그 어떤 동물들도 7.0을 넘는 경우는 없었다.

동물들에게 금메달과 연금 혜택을, 또는 가장 좋아하는 먹잇감이나 최고의 배우자와 짝짓기를 할 수 있는 확실한 동기를 부여한다면 어떻게 될까? 혹시 우리가 지금 아는 최대 에너지대사량보다 높은 수치를 우리에게 선사해 주지 않을까? 현재까지의 연구 결과에 따르면 동물들도 자극적인 동기 유발을 유도하는 조건에서 최고의 기량이 발휘되는 것으로 분석되고 있다. 예를 들어 알에서 갓 깨어난 새끼를 먹이려고 새벽부터 저녁까지 먹이를 찾아다니는 새들, 새끼를 돌보는 작은 포유류, 낮은 온도에서 활발하게 활동하는 동물 등이 그런 예이다. 만약 이들이 사람이었다면 투르 드 프랑스 참가 선수들과 마찬가지로 최고의 역량을 발휘했을 것이라 짐작할 수 있다. 그래서 몇몇 학자들은 야생동물의 에너지 경비가 운동선수의 능력을 제한하는 천장효과ceiling effect, 어떤 수준의 증가가 무한정 계속되지 않으며, 마치 우리 머리 위의 천장이 제한하는 것처럼 그 수준이 한정됨와 비슷한 그 어떤 것에 의해 능력이 제한받고 있는 것은 아닌지 궁금해 하고 있다. 만약 이것이 사실이라면 과연 무엇이 그들에게 천장효과를 강제하고 있는지 궁금할 따름이다.

동물들의 대사적 천장한계

앞의 가설이 성립된다면 왜 천장한계가 존재할까? 그리고 실제 존재한다면 그 이유는 무엇일까? 이와 관련해 학자들은 네 가지 유력한 이유를 제시하고 있다.

첫 번째는 식량 공급의 문제이다. 먹을 음식이 제한되어 있기 때문에 할 수 없이 대사량에도 한계가 있다는 것이다. 많이 먹을 수 있는 여건이라면 많이 먹고 더 높은 에너지대사율을 보일 텐데 먹을 것이 한정적이니 하는 수 없이 대사도 먹을거리 한계에 맞출 수밖에 없다는 말이다. 이 가설은 일정 부분 설득력을 얻고 있다. 분명히 야생동물들에게는 식량을 공급받을 수 있는 자기 영역이 제한적일 것이며, 따라서 공급 가능한 식량도 제한적일 수밖에 없을 것이기 때문이다. 그렇지만 이 가설이 완전한 호응을 얻지 못하는 이유는 실험을 통해 음식을 제한 없이 섭취할 기회를 줘도 음식을 한정적으로밖에 섭취하지 못한다는 증거들 때문이다. 사람도 마찬가지다. 투르 드 프랑스 참가 선수들의 사례에서도 알 수 있듯이 음식이 무제한 공급된다 하더라도 이들이 공급 받은 음식을 다 먹는 것은 아니다. 그래서 이 가설은 강력한 신뢰를 얻지 못하고 있다.

두 번째와 세 번째 가설은 식량 공급의 문제가 아니라 동물의 몸 자체가 한계라는 것이다. 그러니까 동물의 몸이 에너지를 소비할 수 있는 한계가 있거나(두 번째 가설), 또는 동물의 몸이 에너지를 공급하고 순환시키는 데 한계가 있을 것(세 번째 가설)이라는 설이다. 첫 번째 가설인 식량 공급의 한계가 외부적 요인에 의한 것이라면, 이 두 가설이 말하는 몸 자체의 한계는 내부적 요인이다.

두 번째 가설을 살펴보면 동물이 움직이면서 근육이 에너지를 소비할 때, 암컷이 젖샘에서 우유를 생산할 때, 추위에서 근육을 떨며 열을 생산할 때와 같이, 살아가는 과정에서 유별나게 많은 에너지를 소비energy-consuming하는 경우라면 그 소비량을 맞추려고 대사량이 증가하게 된다는 것이다. 그렇지만 소비할 수 있는 에너지가 무한대로 증가할 수 없으므로, 대사 에너지 양도 한계를 가질 것이라는 가설이다. 예를 들어 무한대로 근육이 운동하거나, 무한대로 젖을 생산하거나, 무한대로 근육을 떨 수는 없기 때문이다.

세 번째 가설은 동물의 몸이 에너지를 만들어 필요한 곳에 공급 energy-supplying할 수 있는 능력에 한계가 있다는 것이다. 즉 음식을 소화하는 능력의 한계, 간이 음식을 섭취하는 능력의 한계, 허파가 산소를 들이마시고 이산화탄소를 내보내는 능력의 한계, 심장이 혈액을 몸의 구석구석까지 보낼 수 있는 능력의 한계, 그리고 콩팥에서 유해물질을 배출하는 능력의 한계 등에 의해 대사 한계가 결정된다는 것이다. 몸에서 아무리 많이 쓰려고 해도 이를 공급하는 몸의 기관이나 기능에 한계가 있다는 가설이다.

마지막 가설은 어떤 하나의 이유 때문에 한계가 나타나는 것이 아니라 여러 가지 요인이 복합적으로 작용한 총체적 한계라는 가설이다. 이는 과학자들이 가장 즐겨 쓰는 말 중의 하나이다. 어느 것 하나 확실하지 않으니까 그 모든 이유를 종합선물 세트처럼 적용해서 그렇다는 논리를 펼친다. 네 번째 가설은 동물의 대사적 한계 수치는 다양한 한계 요인들이 서로 타협하는 수준에서 진화해 왔다고 설명한다. 예를 들어 위에서 소개하였듯이 내장이 흡수할 수 있는 최대 칼로리 섭취율과, 허파가 교환하는 산소량, 내장에서 흡수한 열량을 일에너지로 바꿀 수 있는 근육의 능력 수준이 거의 비슷한 수준에서 진화했을 것이라는 논리이다. 어떤 한 기능만 다른 기능보다 우수하게 진화하지 않았으며, 대사를 한정하는 모든 요인들이 모두 유사한 수준을 형성했다는 것이다.

그렇다면 동물들의 대사 한계를 연구한 실험 결과를 알아보자. 먼저 실험 방법을 살펴보면 동물들을 대상으로 실험할 때는 일단 먹이를 무한정 공급한다. 먹을 수 있을 때까지 먹어서 먹이의 양이 한계 요인으로 작용하지 않도록 하려는 것이다. 이렇게 함으로써 먹이의 양이 한계일 수 있다는 가설 하나를 제거한다. 그리고 다양한 운동이나 동작, 활동 등을 시킨다. 다양한 활동을 시키는 이유는 두 가지 때문이다. 첫째, 정말 에너지 소비가 천장한계까지 증가할 수 있을 것인지와 요구가 높아질수록 에너지 소비량이 많아지는지 관찰하는 것이다. 또 다른 하나는 혹시 어떤 운동이나 동작, 활동이 다른 운동이나 동작, 활동과 다른 천장한계를 보이는지 알아보기 위함이다. 이 실험에서 가장 중요한 것은 동물들에게 최고의 동기 유발이 이루어져야 한다는 것이다. 그렇지 않으면 한계까지 몰아가지 않을 테니 말이다. 물론 동물을 대상으로 한 실험이기 때문에 쉽지는 않다.

여기에서 추위 실험을 소개하면, 실험실의 불쌍한 생쥐들이 관찰 대상이다. 생쥐들을 갑자기 낮은 온도의 실험실로 옮겼더니 추위에 대응하기 위해 비오한성 열생산non-shivering thermogenesis을 이용, 열생산을 증가시켰다. 먹이를 충분히 섭취할 수 있도록 조건을 맞추었더니 충분한 먹이 덕분에 추위 속에서도 체중은 줄지 않았다. 실험실 온도가 감소하면서 영하 15도로 내려갈 때까지 생쥐들은 계속 더 많은 먹이를 먹었다. 그러나 온도가 더 낮아지자 먹이의 양이 충분한데도 생쥐들의 체중은 감소했고 결국 죽어 갔다. 생쥐들은 살아남고자 최대한의 노력을 기울였음에도 더 많이 먹어서는 일정한 온도 이상으로 계속해서 열을 생산하지 못한 것이다.[7]

또 다른 실험을 보면 보통의 쥐들은 한 번에 새끼 8~10마리를 낳는데 이때 암컷은 새끼에게 젖을 공급하기 위해 평소보다 먹이를 4.9배까지 더 먹는다. 여기에서 실험적으로 자신이 낳은 새끼와 성장 시기가 비슷한 새끼 쥐를 한 마리씩 더 끼워 넣자 어미 쥐의 먹이 섭취량과 젖의 양이 조금씩 증가하는 결과를 보여 주었다. 새끼를 키우기 위한 모성애의 일환이다. 그러나 여기에서도 천장한계는 관찰되었다. 먹이 섭취량이 증가했지만 보통 수준의 5.5배를 넘지 못했다.[8] 모성애도 육체적 한계는 극복할 수 없는 모양이다.

동물들은 여러 극한 상황에서 어떤 천장한계를 보일까. 이를 알아보기 위해 척추동물들을 대상으로 실험했는데 전체적인 결과는 다음과 같이 요약된다. 먼저 필요한 대사 형태에 따라 천장한계 수치도 다르게 나타나는 것 같다. 예를 들어 실험실의 쥐들은 운동할 때는 유지 가능 대사량이 3.6이었지만 추위에서 열을 생산할 때는 4.8, 젖을 생산할 때는 6.5를 나타냈다. 어떤 대사인가에 따라 한계가 달라지는 것이다.

또 다른 결론은 에너지 소비 유형에 따라 종마다 다른 천장한계 수치를 보인다는 것이다. 실험실의 쥐들은 젖을 생산할 때 최고의 유지 가능 대사량을 보이지만, 야생의 쥐들은 추위에서, 그리고 인간은 운동할 때 최대 수치를 보인다. 동물마다 서로 다른 생활 양태가 존재하기 때문이라 분석된다. 들쥐들은 옷 없이 추위를 견뎌야 하고, 인간은 육체적 활동을 하는데 추위에 대비해서는 옷을 입을 수 있고 아기도 보통 하나만 낳는다는 점이 쥐들과 다르다. 이에 반해 실험실의 쥐들은 많은 새끼를 길러야만 하는 운명이다. 환경에 따라 최대한의 조건을 맞춰 가장 알맞게 적응하는 것이 동물이라는 점에서 그들의 영리함에 새삼 감탄하게 된다.

환경에 따른 신체기관의 적응

몸의 특정 기능을 계속 높게 유지하면 그 기능을 관장하는 몸의 기관은 선택적으로 무게가 증가하고, 반대로 사용하지 않으면 무게가 줄어든다. 예를 들어 운동선수가 훈련을 통해 특정 부위의 근육을 다른 부위의 근육보다 자주 사용하면 그 근육은 더 커진다. 동물의 경우 새끼를 낳아 젖을 먹이는 동안 모유를 만드는 암컷의 젖샘은 더욱 커진다. 반대로 사용을 중단하면 근육은 작아지고 젖샘도 작아진다. 이런 변화는 우리 눈으로도 쉽게 관찰할 수 있다. 그러나 몸속처럼 보이지 않는 곳에서도 변화가 생긴다는 사실은 잘 알려져 있지 않다. 근육과 젖샘 등이 눈에 보이는 변화이며 에너지를 소비하는 기관으로 이해된다면, 반대로 보이지 않은 변화는 에너지를 공급하는 기관이다.

실험실의 생쥐들을 예로 살펴보면, 젖을 생산하거나 추위에 노출되는 등의 외부 환경 변화에 따라 소장, 콩팥, 간, 심장의 무게가 증가한다.[9] 뱀이나 개구리 등도 마찬가지이다. 큰(많은) 음식을 먹은 뱀이나 개구리는 이를 소화시키기 위해 내사량이 높아지고, 이 과정에서 장, 콩팥, 간, 심장을 포함해 허파, 위, 췌장의 무게가 증가한다.[10] 많은 음식을 먹고, 많은 에너지를 공급해야 하는 조건에서 이 기관들이 커지는 이유는 평소의 무게로는 높은 에너지 요구를 감당하지 못하기 때문이다.

만약 에너지 공급 기관의 에너지 공급 기능을 장기적으로 더 많이 사용하면 어떻게 될까? 이 질문에 대한 대답은 서로 다른 환경에서 적응한 동물들을 비교함으로써 찾을 수 있다. 항온동물 endotherm과 변온동물ectotherm이 좋은 사례이다. 체중이 유사한 항온 동물과 변온동물을 비교하면 항온동물이 약 15~50배의 유지 가능 대사율을 보이며 장, 간, 콩팥, 심장 등의 신체기관도 몇 배나 더 크다.[11] 온대지방의 새와 포유류는 열대지방에 서식하는 동종의 동물보다 장기가 큰 경향을 보이는데, 이는 온대지방의 동물이 열을 생산하기 위한 유지 가능 대사량을 높이기 때문이다.

사람은 어떨까? 몸을 단련시키면 훈련되는 기관의 크기와 무게가 증가하는 것을 우리도 잘 알고 있다. 근육을 단련한 보디빌더는 일반인과 비교할 수 없을 정도로 근육이 크고 단단하다. 또한 장거리 달리기를 지속적으로 훈련한 마라톤 선수의 심장은 일반인보다 크고 튼튼하다.

그런데 인간이 운동을 통해 대사 한계까지 도달하는 경우가 흔할까? 앞에서 설명한 투르 드 프랑스처럼 유별난 경기는 많지 않을 것이다. 3주 이상 지속되는 이 경기에서 선수들은 소비하는 에너지 양만큼 이를 보충해야 했다. 일반적인 경기는 보통 하루 만에 끝나거나 며칠 동안 계속되더라도 단시간 동안 짧게 경기한다. 이때 선수들은 경기 중에 잃었던 에너지 양을 경기가 끝난 후에 보충하게 되는데 이를 통해 몸의 회복 시간도 충분히 보장되는 셈이다. 그래서 시간이 짧게 소요되는 경기에서는 몸이 대사 한계까지 도달할 기회가 생기지 않는다.

　많은 사람들이 가정하듯이 운동선수들의 운동 능력은 근육의 성질에 의해 제한되는 것일까? 아니면 장이나 콩팥 같은 에너지 공급 기관의 한계에 의한 것일까? 운동선수들의 장, 콩팥, 간 등의 신체기관이 크고, 결과적으로 기초대사량이 높을 것이라는 가정이 완전히 틀리지는 않을 것이다. 그 진실 여부를 다음 부에서 자세히 알아보도록 하자.

3부 | 움직임의 결정체인 근육과 이동 능력

　지상의 동물에게 관찰되는 가장 많은 육체적 움직임은 이동에 필요한 수단인 걷기와 뛰기이다. 사람도 마찬가지로 이동을 위해 걷거나 달린다. 대부분의 육상동물과 달리 사람은 두발을 이용하여 걷거나 달리는데, 걷거나 달릴 때 다리를 교대로 움직이며 두 다리는 서로 상반되는 사이클을 가진다.

하얀색 근육과 빨간색 근육

근육에도 색깔이 있다. 어떤 색이냐고 질문하면 색을 구별하는 능력을 잘 키우지 못한 나로서는 정확하게 무슨 색이라고 설명하기 어렵다. 그러니 쉽게 이렇게 생각해 보자. 우리가 아는 하얀색부터 빨간색 사이에 있는 다양한 색깔로 대치해 보는 것이다. 일종의 스펙트럼으로 생각하면 이해하기 쉽다.

소의 근육은 붉다. 송아지의 근육이나 돼지의 근육은 소보다 옅은 색을 띠며, 닭고기는 오히려 핑크 빛에 가깝다. 혹시 말고기를 본 사람이 있을까? 말고기는 쇠고기보다 색이 더 붉다. 고래 고기는 붉다 못해 검붉은 빛을 띤다. 동해안에 가끔 잡히는 고래 고기를 본 적이 있는 사람이라면 그 색깔을 연상할 수 있을 것이다. 그렇다면 동물들의 근육 색깔은 왜 서로 다르며 근육의 색깔은 무슨 역할을 하는 것일까?

척추동물의 근육은 다양한 물질로 구성되어 있다. 그리고 그 구성 물질들의 함유량 비율에 따라 근육의 색깔이 결정된다. 구성 물질들의 합성 정도와 비율이 다르니 당연히 기능적인 성질이 다를 수밖에 없다. 결론적으로 말하면 하얀색과 빨간색의 근육은 수축하는 속도가 다르다. 수축하는 속도란 얼마나 빨리 움츠릴 수 있는가 하는 것이다. 근육이 짧게 수축되는 데 걸리는 속도가 빠른지, 느린지 하는 문제이다. 어떤 색깔의 근육이 어떻게 움직일까? 하얀색을 띠는 근육일수록 빠르게 수축하고 빨간색을 띠는 근육일수록 수축 속도가 느리다.

동물들을 비교해 보자. 비교적 하얀색을 띠는 닭의 근육은 검붉은 고래 근육보다 시간당 수축 속도가 빠르다. 그렇다면 빠르게 수축하는 근육이 더 좋은 근육일까? 꼭 그렇지만은 않다. 빠르게 수축하는 근육은 쉽게 지치고, 느리게 수축하는 근육은 상대적으로 오래 버티는 지구력이 좋기 때문이다. 빠르게 수축하는 대신 쉽게 지치고, 느리게 수축하는 대신 오랫동안 그 기능을 유지할 수 있다니 자연의 섭리는 참으로 공평하다.

왜 근육 기능에 이런 차이가 존재하는 건까? 어떤 이유로 근육이 이렇듯 다양한 모습을 하고 있는 걸까? 대답은 간단하다. 살아남는 과정에서는 빠른 움직임과 느린 움직임을 요구하는 상황이 항상 함께 존재하기 때문이다. 개구리를 예로 들어 생각해 보면 개구리는 주로 앉아서 생활하지만, 필요에 따라 순간적으로 높이 뛰어오르기도 한다. 여기에 빨리 수축하는 근육과 느리게 수축하는 근육을 적용해 보면, 개구리가 앉아 있을 때에는 근육을 빠르게 수축할 필요가 없다. 자세만 유지해 주면 된다. 이때 개구리는 자신의 빨간색 근육을 이용해 자세를 유지한다. 수축이 빠르지는 않지만 오랫동안 일정한 자세를 유지하는 데 중요한, 효율적인 근육으로서의 역할을 다하는 것이다. 그럼 뛰어오르거나 순간적으로 도망칠 때, 아니면 파리를 잡기 위해 혀를 빠르게 움직일 때는 어떨까? 이때는 하얀색 근육이 사용된다. 하얀색 근육은 빨간색 근육보다 약 10배에 달하는 힘을 발휘할 수 있을 만큼 강력하고 빠르다. 그러나 앞에서 설명한 것처럼 하얀색 근육은 쉽게 지치기 때문에 오래 사용하기는 어렵다.

근육의 색깔이 수축 속도와 지구력을 결정한다면, 그리고 동물들이 생태 환경에서 다양한 속도로 움직여야 한다면 부위에 따라 근육의 색깔도 달라질 수 있을 것이다. 이번에는 물고기를 떠올려 보자. 물고기도 천천히 헤엄칠 때가 있는가 하면 빠르게 헤엄칠 때도 있다. 천천히 수영할 때는 등뼈 주위나 피부 바로 아래 위치한 빨간색 근육을 사용한다. 그러다가 순간적인 움직임이 필요한 때는 물고기 근육의 대부분을 차지하는 하얀색 근육이 사용된다. 이 근육들은 눈으로 보기에도 다를 뿐 아니라 근육 조직의 느낌이나 맛도 다르다. 회를 좋아하는 사람이라면 무슨 말인지 금방 이해할 것이다. 여간해서는 잘 움직이지 않으며 거의 종일토록 한 장소에서 눈만 뻐끔히 뜨고서, 혹시 근처에 눈먼 물고기가 지나가지 않나 기다리는 광어는 하얀색 외에 다른 색깔의 근육이 거의 없다. 평소 별다른 움직임이 없어서 빨간색 근육이 거의 필요하지 않기 때문이다. 그래서 광어는 먼 거리를 이동하는 물고기는 아니다. 같은 물고기라도 고등어는 조금 다르다. 항상 빠르게 먼 거리를 헤엄치는 고등어는 진한 색깔의 근육을 많이 가지고 있다. 참치의 근육 색깔은 더더욱 진하다. 참치는 부위마다 색깔 차이가 있는데 그나마 색이 밝다는 근육도 다른 물고기들의 진한 색깔 근육보다 훨씬 더 붉은색을 띤다.

새들은 어떨까? 새들도 예외는 아니다. 눈만 뜨면 하늘을 날아다니는 새는 대부분 근육을 날갯짓하는 데 사용한다. 특히 새의 가슴 부위는 날개를 휘젓는 중요한 역할을 수행하는 부위이다. 이 부위의 근육이 클수록 날개를 내리 젓는 힘이 세서 새가 위로 뜰 수 있는 것이다. 장시간의 비행을 유지해야 하는 청둥오리나 거위 같은 철새는 피로에 지치지 않고 오래 날 수 있도록 가슴근육이 이에 적응되어 있다. 그래서 가슴근육의 색깔이 진하다. 혹시 참새고기를 먹어봤는지 모르겠다. 시골에서 어린 시절을 보낸 사람이라면 붉다 못해 쇠고기 같은 참새고기를 기억할 것이다. 사람이 기르는 닭이나 칠면조는 어떨까? 날개가 퇴화되어 장시간의 비행은 고사하고 하늘을 날지도 못하는 닭이나 칠면조의 가슴근육은 밝은 색을 띠고 있다.

사람도 마찬가지이다. 종아리에는 가자미근soleus muscle과 장딴지근gastrocnemius muscle, 비복근이 있다. 장딴지근은 우리가 걷거나 달릴 때 사용되고, 가자미근은 색이 진하며 지구력이 좋아서 주로 서 있을 때 많이 사용된다. 가자미근의 약 80퍼센트는 피로저항근육이며, 수축은 1/8초이다. 우리 눈의 응시를 조절하는 안구조절근육은 이보다 3배 정도 빠르다.[12] 이 근육의 약 15퍼센트만 피로저항근육이다.

근육이 어떠한 용도로 사용되는가에 따라 모든 동물의 근육 색깔은 달라진다. 그러나 앞에서 설명했듯이 두 가지 확연한 색깔만 존재하는 것이 아니라 하얀색에서 붉은색까지 그 사이에 일종의 스펙트럼 색깔을 나타내게 된다. 이는 하얀색 근육과 빨간색 근육이 일정 비율로 배합되어 있기 때문이며, 그 비율에 따라 색깔의 진하기가 결정된다. 그래서 동물의 어떤 부위도 100퍼센트 하얀색이나 빨간색 근육으로 이루어진 곳은 없다. 단지 어떤 색깔의 근육이 더 많이 섞여 있는가의 문제일 뿐이다.

그러면 왜 근육은 섞여 있어야 할까? 아마도 생태계에서 요구하는 움직임과 관계가 있을 것이다. 동일한 부위의 근육이라도 '빠르게'와 '더 빠르게'를 요구하는 상황이라면 말이다. 사람의 발등 근육을 살펴보자. 엄지발가락을 들어 올리는 근육은 빠를 경우 1/50초 만에 수축하며, 느리게 움직일 때는 1/10초 동안 수축한다. 발가락을 들어 올리는 데에도 속도 조절이 필요하기 때문이다. 근육은 살아가기 위한 움직임의 기능을 위해, 그래서 부위에 따라 서로 다른 배합을 한, 두 성질의 근육을 포함하고 있는 것이다.

하나의 움직임에서는 한 유형의 근육이, 그리고 다른 움직임에서는 다른 유형의 근육이 필요해진다. 같은 팔의 근육이라도 궁사는 활을 당기기 위해 큰 힘이 필요할 것이고, 조정선수는 어느 순간에는 최대의 힘을 필요로 하면서도 보다 긴 시간 동안 유지할 수 있는 힘도 요구한다. 고양이는 먹잇감을 사냥하기 위해 순간적인 점프력이 있어야 하며, 들개들은 먹잇감을 쫓기 위해 지구력이 필요하다. 고양이는 허파가 작지만 들개의 허파는 크다. 그래서 각각 사신의 페이스를 지킬 수 있다. 말고기는 쇠고기보다 붉다. 동물들의 근육 차이는 각 동물의 움직임에서 시작되어 근육의 미세한 구조에서 끝난다. 생태가 동물의 움직임 유형을 명령하고, 생리가 그 명령을 따르는 것이다.

빨간색 근육의 정체

그렇다면 근육은 왜 붉은색을 띠고 있을까. 피 때문에 그럴까? 그럴 수도 있겠다. 쇠고기를 만지고 나면 손에 약간의 붉은색이 묻어나니 말이다. 그런데 피 때문이라는 대답은 100점짜리 정답은 아니다. 근육의 붉은색은 피 속에 포함된 헤모글로빈hemoglobin, 또는 적혈구 때문이라기보다 오히려 미오글로빈myoglobin 때문이다. 미오글로빈은 근육의 헤모글로빈이라고 생각하면 쉬울 것이다. 미오글로빈 분자는 헤모글로빈 분자의 1/4 크기로, 미오글로빈 4개가 모이면 헤모글로빈 하나 크기라고 생각하면 된다.

산소의 운반부터 살펴보기 위해 중·고등학교 시절 과학시간으로 돌아가 보자. 헤모글로빈은 허파로부터 산소를 얻어 혈관을 통해 신체의 각 부위로 산소를 전달해 준다. 이 과정에서 산소는 모세혈관 벽을 통해 확산하여 근육세포 안으로 들어간다. 근육세포 안으로 들어간 산소는 탄수화물이나 지방 같은 에너지원을 분해하여 운동에 필요한 에너지를 생산하는 과정에서 사용된다. 여기에서 헤모글로빈의 역할은 허파에서 산소와 결합하고, 혈관을 통해 산소를 이동시키며, 근육세포 앞까지 산소를 배달해 주는 것이다. 미오글로빈은 근육세포 앞까지 산소를 배달해 준 헤모글로빈의 임무를 넘겨받는다. 미오글로빈은 헤모글로빈보다 산소와의 친화력이 더욱 강해 산소와 쉽게 결합하는데, 이러한 능력 때문에 헤모글로빈과 함께 온 산소는 미오글로빈을 보자마자 미오글로빈에 달라붙게 된다. 이때부터 근육세포 내에서 산소의 운반은 미오글로빈이 담당하게 된다.

고전적인 관점에서 보자면 미오글로빈은 근육 내의 산소 적재량oxygen reserve을 유지해 준다. 그래서 미오글로빈이 근육 속에 많다는 것은 많은 산소를 사용할 수 있다는 뜻이다. 붉은색 근육이 지구력이 좋다는 것은 산소 적재량이 많아 근육이 운동하는 데 필요한 에너지를 계속 보충할 수 있다는 의미이다. 또한 산소 적재량이 많아 한동안 산소가 공급되지 않더라도 크게 문제되지 않는다. 그래서 몇몇 동물에게는 붉은 근육의 이러한 기능이 상당한 생태적 장점으로 작용하기도 한다. 물속을 잠수하는 새나 포유류들은 이러한 근육의 성질을 최대한 이용한다. 이들은 근육 속에 더 많은 미오글로빈이 있으며, 다른 척추동물보다 더 진한 색깔의 근육을 가지고 있다. 고래 고기의 검붉은 근육을 떠올리면 이해하기 쉽다. 잠수는 대기에서 얻은 귀중한 산소를 고갈시키는 힘든 작업이다. 고래나 펭귄처럼 허파를 통해 대기의 공기를 호흡하는 잠수동물의 근육은, 잠수를 하지 않는 동종의 육지동물의 근육보다 약 30배에 달하는 미오글로빈 수치를 가진다. 그 결과 이들은 자신의 혈액 속에서 헤모글로빈이 가지고 있는 모든 산소량보다 더 많은 양의 산소를 근육의 미오글로빈에 적재할 수 있다.[13]

재미있는 현상이 또 한 가지 있다. 어떤 경우에는 산소 공급이나 저장이 필요하지 않은 곳에도 다양한 형태의 헤모글로빈이 존재한다. 심지어 혈관과 같은 순환계 통로가 없는 유기체에서도 발견된다. 기생선형동물roundworm이나 몇몇 식물의 뿌리혹root nodules, 호수 바닥에서 사는 지렁이worm도 일정한 유형의 헤모글로빈을 소유하고 있다. 이들은 이것을 왜 가지고 있을까? 조금은 이해하기 어렵다. 단순히 이 생명체들 조상의 사고에 의한 우연일까? 끊임없는 학자들의 호기심은 이해하기 어려운 자연계를 분석하고 연구하며 자연의 신비를 마침내 밝혀내고야 만다. 창조적인 생리학자 퍼 쇼랜더PER SCHOLANDER는 1960년대에 이 현상에 대한 독창적인 설명을 제시했다. 아직까지도 그의 이론은 생리학 교과서에서 각주로 사용되고 있을 정도이다.

그의 설명을 빌리면 산소는 모세혈관의 헤모글로빈에서 근육세포 속으로 이동한다. 이 이동은 확산으로 가능한데, 산소가 확산하려면 모세혈관부터 근육세포까지의 간격을 뛰어넘어야 하는 과정이 필요하다. 그런데 이 간격이 좁을 경우 문제가 없지만 멀어지는 경우 이동이 쉽지 않다. 시골에서 개울을 뛰어넘는 격이다. 좁은 개울은 살짝 뛰어넘을 수 있지만 개울 폭이 넓어질수록 뛰어넘기는 점점 더 어려워진다. 실제로 확산은 거리가 증가할 때마다 거리의 제곱에 비례할 정도로 어려워진다. 간격이 2배로 늘어나면 산소 이동이 2배 어려워지는 것이 아니라 4배 어려워지고, 간격이 10배 증가하면 확산은 100배 어려워지는 셈이다. 쇼랜더는 이때 미오글로빈이 산소의 확산을 빠르게 해 준다고 설명하며, 이를 촉진확산facilitated diffusion이라고 이름 붙였다. 개울의 폭이 넓어져 뛰어넘기를 주저할 때 개울 건너 저편에서 누군가 손을 내밀어 주는 격이다. 이제 넘어가기 수월해졌다. 정말 이 설명이 옳은지는 아직 명확하지 않다. 그러나 실험실에서 이루어지는 실험 결과들은 이 설명을 뒷받침해 주고 있다. 그리고 산소의 농도가 낮을수록 미오글로빈의 역할은 더욱 효율적으로 발휘된다고 한다. 심지어 산소의 운반 능력을 8배나 증가시키기도 한다.

촉진확산은 뿌리혹이나 선형동물과 같은 유기체에 헤모글로빈과 미오글로빈이 우스꽝스럽게 분포하고 있는 이유를 설명하는 열쇠가 되었다. 뿌리혹이나 선형동물 내에서 산소 운반을 쉽고 빠르게 하기 위해 헤모글로빈과 미오글로빈이 존재했던 것으로 보인다. 그러니까 지금 우리 몸속에 존재하는 헤모글로빈과 미오글로빈이 혈관이나 근육 속에 존재하는 것은 나중에 생긴 시스템인 셈이다. 덩치가 커지니까 이 두 물질을 이동시키고 또 효율적인 산소 운반과 확산을 위해 지금의 순환계와 메커니즘이 생겼다는 말이다. 원래 유기체의 발명품이었던 것을 사람을 비롯한 덩치 큰 동물들이 뒤늦게 유용하게 이용하는 셈이다.

타고난 근육의 리모델링

방학이 끝나고 개강을 하면 한동안 보지 못했던 학생들이 전혀 다른 모습으로 학교에 나타난다. 왜소했던 팔뚝이 굵어진다. 방학 동안 운동을 열심히 한 모양이다. 그렇다. 웨이트 운동은 근육을 변하게 한다. 웨이트 운동이란 평소 사용하지 않거나 사용하더라도 거의 힘을 들이지 않고 움직이는 근육에 큰 무게를 가하는 작업이다. 그렇게 물리적인 힘을 가하지 않는다면 근육은 커지지 않는다. 무게를 주어야 근육이 커지며, 반대로 근육에 무게를 주지 않으면 근육은 짧아지고 작아지기 마련이다.[14] 근육은 무게를 주느냐, 그렇지 않느냐에 따라 계속 커지거나 작아진다. 부러진 다리에 깁스를 하고 한 달 이상 움직이지 않거나, 중력이 없는 우주에서 한동안 살거나, 열심히 반복하던 운동을 그만두거나, 계속 앉아서만 업무를 본다면 우리의 근육은 쪼그라들고 만다.

이렇듯 근육은 어떻게 움직이느냐에 따라 커지기도 하고 작아지기도 한다. 어떻게 이것이 가능할까. 먼저 1930년대 말 루돌프 쇼엔하이머RUDOLPH SCHOENHEIMER가 소개한 우리 몸의 가변성에 대해 알아보자. 그는 '체성분의 동적 상태the dynamic state of body constituents'라는 용어를 만들어 소개하면서 우리 몸 안에 있는 모든 단백질이 분해와 재합성을 계속 반복하고 있다고 설명했다. 이 개념은 우리의 몸은 필요와 요구에 따라 계속 리모델링을 진행하고 있다는 것이다. 혈관과 뼈, 근육 등이 필요 없는 경우에는 사라지고, 필요한 경우에는 그 요구 수준에 맞추어 재조립된다고 한다.[15] 만약 이러한 동적 상태가 존재하지 않는다면 우리 몸은 한번 만들어진 대로 죽을 때까지 그냥 유지할 수밖에 없을 것이다.

그렇다면 운동은 근육을 어떻게 단련하는 것일까? 먼저 근육이 어떻게 생겼는지부터 살펴보자. 우리의 근육은 섬유다발과 같다. 눈에 보이지도 않을 만큼 아주 작고 얇은 섬유를 한쪽 방향으로 길이를 한데 모아 서로 붙여 놓은 섬유다발이다. 익힌 닭고기의 가슴살을 연상하면 쉽게 이해된다. 두 손가락으로 살점을 잡아당기면 닭고기는 결대로 쉽게 찢긴다. 찢어진 근육 덩이를 다시 또 찢으면 계속 작은 단위로 찢어진다. 이렇게 찢어진 근육이 더는 찢어질 수 없는 단계까지 도달한 마지막 단계의 가느다란 섬유를 근섬유라고 한다.

한 다발의 근육 덩어리를 구성하는 근섬유의 숫자는 얼마나 될까? 어느 부위의 근육이냐에 따라 수치는 상당히 다를 것이다. 중요한 것은 한 부위의 근섬유 숫자보다 그 숫자의 변화 불응성이다. 근섬유 숫자는 태어나서 자라는 어린 시절에 정해진다. 다시 말해 한번 성장한 근섬유는 더 이상 숫자를 늘리지 않는다는 것이다.

근육의 숫자가 정해져 있다면 우리가 눈으로 볼 수 있는 팔 등의 알통근육은 어떻게 커질 수 있을까? 학자들은 이 궁금증에 대해 두 가지 가설을 제기하고 있다. 운동이 근섬유의 숫자를 증가시킨 다는 가설과 운동이 근섬유 하나하나의 두께를 증가시킨다는 두 가지 가설이다. 지금 현재 우리가 아는 것은 첫 번째 가설을 완전히 배제하지 않는 상태에서 두 번째 가설만이 사실이라는 점이다. 운 동이 근육 덩어리의 부피를 증가시키는 이유는 근섬유 하나하나의 두께가 굵어지기 때문이다. 즉 운동은 이미 존재하는 근섬유의 수 는 일정하게 유지하면서 하나의 근섬유 속에 존재하는 핵이 더 많 은 단백질을 합성하도록 만들어 근육이 두꺼워지는 것이다.

그렇다면 운동이 근섬유의 비대hypertrophy를 유발한다는 것은 어떻게 알 수 있을까? 이를 증명하는 것은 그리 어렵지 않다. 이를 위해 근생검muscle biopsy이라는 방법을 사용한다. 근생검이란 살아 있는 근육 검체를 얻는 방법이다. 종아리나 허벅지 부위의 근육에 주사바늘을 꽂고, 그 끝에서 성냥 알갱이 약 2배 크기의 근육을 떼 어 내 이것을 관찰하는 것이다. 운동의 효과를 보려면 트레이닝 전 과 후로 나눠 각각 한 번씩 총 두 번에 걸쳐 근육을 떼어 낸다. 주사 바늘이 살을 찔러야 하기 때문에 물론 적지 않게 고통스러운 과정 이다. 이렇게 채취한 근육을 질소가스로 급랭 동결시킨 다음 특수 한 칼로 얇게 슬라이스를 낸다. 그리고 이 슬라이스를 전자현미경 으로 관찰한다. 이 실험 방법을 거치면 운동이 근섬유의 두께를 증 가시킨다는 증거가 완벽하게 제시된다. 간단히 설명하면 열심히 운동해서 알통 두께를 2배로 키운 후에 근생검으로 확인하면 운동 전보다 운동 후의 근섬유 두께가 2배로 증가했다는 사실을 알 수 있다.

근육의 발달과 기능을 이야기하는 데 근육과 연결된 근신경을 빼놓을 수 없다. 근육을 계속 움직이려면 신경이 계속적인 전기신호를 보내야 하며 필요한 화학적 성분들을 배출해 주어야 한다. 다시 말해 근육이 움직이거나 가만히 멈춰 있는 것은 근육이 혼자 결정하는 것이 아니라 대뇌로부터 전달된 전기적 신호가 신경을 통해 근육에 전달될 때에만 가능하다는 것이다. 근육(골격근)은 대뇌의 명령에 의해서만 움직일 수 있다.

만약 신경이 없어지면 어떻게 될까? 간단하다. 명령하는 자가 없는 근육은 존재하지 않는다. 신경이 없어지거나 끊어지면 근육은 그 기능을 더 이상 발휘하지 못하고, 기능이 상실된 근육은 천천히 퇴화한다. 사고 때문에 척추가 마비된 사람의 다리나 몸이 점차 작아지고 얇아지는 이유가 여기에 있다. 아무리 도우미가 근육을 많이 움직여 준다고 하더라도 신경을 잃은 근육은 더 이상 움직임을 통해 근육 단백질을 합성하지 못한다. 신경이 끊어져 근육이 본래의 수축 기능을 더 이상 발휘하지 못한 채 약 두 달 정도만 지나면, 근육은 점점 작아지다가 결국은 근육 끝에 힘줄이 달린 흐느적거리는 조직으로 전락하고 만다. 그러나 다시 신경이 재투입되면 그러한 퇴화가 역전되기도 한다. 이런 역전이 일어나기 위해서는 적어도 두 달 이내에 근육에 신경이 공급되어야 한다.

근육을 지배하는 신경이 얼마나 강력한 영향력을 발휘하는지 살펴보자. 앞에서 빨간색 근육과 하얀색 근육의 성질을 설명했는데, 신기하게도 이 두 개의 근육이 바뀔 수 있다고 한다. 원리는 간단하다. 빨간색 근육과 하얀색 근육에 공급되는 신경을 바꿔치기하면 된다. 원래 빨간색 근육에 들어 있는 신경과 하얀색 근육에 있던 신경을 각각 떼어 내 서로 다른 근육에 꽂는 방법이다. 과연 이것이 실제로 가능한 이야기인지 의심하는 사람도 있을 것이다. 실험적으로는 충분히 가능하다. 두 개의 근육에서 신경을 바꿔치기하면 시간이 흐를수록 천천히 근육의 수축 성질이 달라진다. 느린 근육은 빨라지고, 빠른 근육은 지구성을 갖춘 느린 근육으로 변한다. 더불어 근육의 변형transformation이 이루어진다. 원래 빨간색 근육은 낮은 주파수의 지속적인 전기신호를 받고, 하얀색 근육은 높은 주파수의 간헐적인 강력한 전기신호를 받는다. 그런데 신경이 바뀜으로써 이 신호가 바뀌면 근육은 자신이 원래 가지고 있던 성질을 버리고 신경의 신호에 적합한 근육으로 변신한다.

신경이 근육을 지배하는 양상은 인간의 발달 과정에서도 중요한 의미를 부여한다. 신경이 근육을 변형시키는 실험은 우리가 태어나자마자 일상적으로 하는 행동과 비슷하다. 생명체 탄생 초기의 모든 근육은 그냥 근육일 뿐이다. 어느 특정 부위가 어떤 색을 띠는 것이 아니라 모두 비슷비슷한 거의 창백한 색깔을 띤다. 성장하면서 각 부위의 근육을 어떻게 사용하는지, 중추신경이 어떤 신호를 보내는지에 따라 근육의 성질이 달라지고 색깔이 고정된다. 근육을 어떻게 발달시킬지 우리 스스로가 결정짓는 것이다. 이런 습관에 의한 근육 특성의 결정은 단지 근육의 크기뿐 아니라 근육의 구조와 생화학적 성질까지도 결정짓게 된다.

일상으로 돌아가서 우리는 '저 친구는 운동근육이 좋아.'라고 말하지 않지만 '저 친구는 운동신경이 좋아.'라는 말은 자주 쓴다. 정확한 말이다. 근육은 단지 신경의 명령을 따를 뿐이다. 운동신경이 좋은 사람은 부모로부터 발달 가능성에 대한 우수한 인자를 물려받은 유전적 장점을 가지고 태어난 것도 있지만, 그보다 더 중요한 점은 어릴 때부터 다양한 동작과 움직임을 통해 근육을 관장하는 신경을 발달시킨 사람들이다. 특별한 운동을 하지 않았더라도 손과 발, 눈과 손, 왼쪽과 오른쪽 등 인체의 감각기관과 근육의 협조 체제를 엮는 다양한 근육 조절을 배웠을 것이다. 어린 시절의 이러한 움직임과 동작의 훈련은 성장기에는 물론 성인이 된 이후 다른 사람들보다 월등하게 우수한 운동 실력으로 나타난다. 우리 아이들에게 섬세한 손가락 운동을 할 수 있도록 젓가락질을 연습시키고, 방과 후에는 운동장이나 놀이터에서 열심히 몸을 굴려가며 뛰노는 것을 적극적으로 권장해야 하는 이유이다. 앞서서 텔레비전을 보는 것으로 스포츠를 즐기는 어른을 만들기보다는 조화로운 몸의 움직임으로 모든 운동을 다 좋아하는 어른으로 만들 필요가 있다. 부모님들이 우리에게 그러한 기회를 주셨던 것처럼 말이다.

운동과 근육 무게의 감소

근육의 리모델링과 변형을 설명하고 있는데, 기능에 부합되는 근육의 건축적 구조를 빼놓고 갈 수는 없다. 지금까지 운동이 근육을 단련시키며, 사용하지 않는 근육은 다시 쪼그라든다고 설명했다. 지금부터는 사용하더라도 무게와 부피가 줄어드는 경우에 대해 설명할 것이다. 앞에서의 설명과 달라 의아하겠지만 이런 현상도 종종 일어난다.

마라톤 선수의 체구를 떠올려 보자. 마라토너의 근육은 보디빌더처럼 두껍지 않고 오히려 얇다. 마라톤에 필요한 지구성 운동은 근육을 단련시키지 않기 때문이다. 오히려 하얀색의 순발력 근육을 감퇴시키고, 그 감퇴 때문에 작아진 부피만큼 굵어진 붉은색의 지구력 근육이 공간을 차지하게 된다. 왜 근육을 단련하지 않을까? 원인은 다양해 보인다. 오랜 시간 달리는 데 큰 근육은 부담스럽기 때문이다. 큰 근육은 힘을 쓰게 하지만 상대적으로 무게도 무겁다.

뭐든지 가벼워야 에너지 소비가 적어지기 마련이다. 가능하면 최소한의 무게로 뛰는 것이 에너지 사용을 최소화할 수 있는 방법이다. 또한 근육이 커지면 산소를 많이 필요로 하는 데다가 산소를 전달하는 거리도 점점 멀어진다. 장기적으로 산소 확산에 부담이 된다. 더구나 힘과 지구성은 성격이 다르다. 큰 근육이 힘은 잘 쓰지만, 힘을 잘 쓴다는 것이 지구성에 유리하다는 것은 아니기 때문이다. 장거리 달리기에서는 힘을 어떻게 효율적으로 쓰는가가 가장 중요하다.

그렇다고 평소 운동을 전혀 하지 않던 일반 사람의 마른 다리가 마라톤 선수의 마른 다리 근육과 같다고는 할 수 없다. 같은 부피라도 그 안에 채워진 성분이 전혀 다르기 때문이다. 마라톤 선수의 근육에 포함된 미토콘드리아는 수적으로나 용적 면에서 훨씬 더 많고 크다. 미토콘드리아와 관계된 지방 덩어리도 더 크다. 이러한 내용적 차이는 효과 면에서도 상상을 초월하는 차이를 보이다 같은 나이라도 운동을 하지 않은 사람과 마라톤 선수를 비교해 보면, 마라톤 선수의 다리근육에 포함된 미토콘드리아의 부피가 약 50퍼센트나 더 컸다고 한다. 그리고 산소를 이용하는 유산소 능력도 미토콘드리아 밀도가 높은 사람일수록 비례적으로 증가했다는 것이다.[16]

이 결과를 보고 혹시 마라톤 선수가 유전적으로 좋은 형질을 받앉기 때문에 더 우수한 결과를 보인 것이 아니냐고 반문할 수도 있다. 이러한 반문에 대해 공정한 평가를 하기 위해 이번에는 쌍둥이를 연구 대상자로 해서 실험했다. 쌍둥이 중 한 명에게만 지구성 운동을 시키고 다른 한 명에게는 아무런 운동도 시키지 않았다. 그리고 일정 시간 후에 두 사람을 비교해 보니 지구성 훈련을 받은 사람이, 근육 속에 포함된 미토콘드리아의 밀도와 산소 섭취 능력이 15퍼센트나 증가한 결과가 나왔다.[17]

　　동물에게도 동일한 현상이 나타난다. 근육이 크면 부가적으로 더 큰 힘을 발휘하는 것은 사실이지만, 이를 위해 원치 않는 대가도 치러야만 한다. 새들도 이를 아는 것인지, 찌르레기에게 이륙하는 운동을 많이 시킬수록 그 날갯짓에 사용되는 근육의 무게가 줄어들었다는 연구 결과가 발표되기도 했다.[18] 새들은 자신의 몸무게를 가볍게 유지하기 위해 전략적으로 근육의 무게를 줄이는 조절 능력을 가진 것이다. 이 과정을 통해 비행 능력에 무리를 주지 않으면서도 비행하는 데 사용되는 비용을 줄인 것이다. 즉 가슴근육의 무게 감소는 비행에 무리를 주기 때문에 전체적인 체중 감소로 이를 상쇄하고, 결과적으로 비행에서 요구하는 기준에 맞추어 신체조건이 바뀌면서 다시 새로운 균형에 이르는 것이다. 따라서 비행근육의 크기는 다양한 범위의 잠재적 한계요소들이 비용－이득cost-benefit의 동적인 맞바꿈을 대표하는 것이라 할 수 있다.

동물의 두발걷기

지상의 동물에게 관찰되는 가장 많은 육체적 움직임은 이동에 필요한 수단인 걷기와 뛰기이다. 사람도 마찬가지로 이동을 위해 걷거나 달린다. 대부분의 육상동물과 달리 사람은 두발을 이용하여 걷거나 달리는데, 걷거나 달릴 때 다리를 교대로 움직이며 두 다리는 서로 상반되는 사이클을 가진다. 걷기와 달리기의 차이는 두 다리의 사이클이 어떠한 양상으로 움직이는가에 따라 판정된다. 일반적으로 임무 요인duty factor: 각 다리의 한 사이클에서 그 다리가 바닥에서 머무는 시간 비율이라는 기준을 적용하는데, 임무 요인이 0.5 이상이면 걷기로, 0.5 미만이면 달리기로 구분한다.

두발걷기가 사람만 가능한 행동은 아니다. 침팬지나 일본 짧은 꼬리macaques원숭이들도 때로는 두발로 걷는다.[19] 캥거루나 몇몇 설치류도 두발로 깡충깡충 뛴다. 평지에 주로 서식하는 새는 걷거나 달리거나 깡충깡충 뛴다. 때로 도마뱀들도 두발로 달리며, 고속 촬영을 통해 바퀴벌레도 최고 속도에서는 두발로 뛰는 것으로 관찰되었다.[20]

사람만 두발로 걷는 것은 아니지만 사람의 두발을 이용한 이동 동작locomotion은 어떤 동물과도 다른 양상을 보인다. 침팬지는 무릎을 굽히고 상체를 앞으로 약간 기울인 상태에서 걷는다. 대부분의 새는 등뼈와 허벅지뼈(대퇴골)를 수평에서 약간 기운 각도를 유지하고, 무릎은 구부린 채 걷거나 달린다. 이에 비해 사람은 상체를 곧추세우며 걸을 때 무릎은 거의 펴진다.

땅바닥에 전달하는 힘의 양상도 다르다. 사람은 속도를 내서 빠르게 걸을 때는 두 번에 걸쳐 땅바닥에 강한 힘을 전달하고, 달릴 때는 이 강한 힘의 전달이 한 번으로 줄어든다. 원숭이나 새들은 사람이 빨리 걸을 때처럼 두 번에 걸쳐 땅바닥에 힘을 전달하지 않는다. 또한 사람은 걷거나 달릴 때 발뒤꿈치가 바닥에 먼저 닿는 현상을 보인다. 어느 동물도 이런 모습으로 걷거나 달리지 않는다. 사람만이 가지고 있는 특성이다. 사람만의 독특한 걷기 방법 때문일까? 어느 동물도 인간만큼 효율적으로 걷거나 달리지 못한다.[21]

사람의 걷기는 어느 정도의 효율을 가지는 걸까? 다양한 두발 동물의 이동 비용을 비교해 보면 사람은 다른 동물보다 경제적으로 이동한다. 그러나 사람의 달리기는 더 큰 비용을 요구한다. 특히 걷는 자세가 에너지 비용을 결정하게 된다. 거위와 펭귄이 이동에 큰 비용이 소요되는 원인도 걷는 자세 때문이다. 일반적으로 뒤뚱거리며 걷는 거위와 펭귄의 자세가 에너지 비용을 증가시킨다. 사람도 마찬가지이다. 실험적으로 오른발과 왼발의 폭을 다리 길이의 0.45배에 해당하는 거리로 다리를 벌리고 걷게 했을 때는 보통의 걸음으로 걸었을 때보다 약 40퍼센트의 에너지를 더 사용하는 것으로 조사되었다.[22]

효율적인 걷기의 걸음빠르기와 한걸음거리

인간이 걷는 데 사용되는 에너지는 다른 동물들보다 상당히 효율적이다. 걷거나 달릴 때 다른 동물과 다른 양상을 보임에도, 그리고 다른 어떤 동물도 취하지 않는 동작을 보여 주면서도 나름대로 걷는 방법을 최고로 올려놓았다. 어떠한 연유로 이런 효율성을 구축하였는지 설명하기 전에 먼저 이렇게 될 수밖에 없었던 이유를 한번 조심스럽게 찾아보자.

사람이 일상생활에서 몸을 움직이는 동안 가장 많은 시간을 할애하게 되는 동작은 걷는 것이다. 이동하고 보행하는 데 많은 시간을 들이는 만큼 하루에 소비하는 에너지 중 걷는 데 사용하는 에너지가 비율적으로 가장 높다. 이를 수치상으로 계산한 연구 결과가 있다. 1955년에 과학자 패스모어PASSMORE와 더닌DURNIN이 발표한 자료에 따르면, 일주일에 약 9시간을 걷는 회사원이 걷는 데 사용하는 에너지를 계산한 결과 일주일 총에너지소비량의 20퍼센트인 것으로 파악되었다.[23] 회사원과 달리 격한 육체노동을 감당해야 하는 광부는 일주일에 21시간 이상 걷는 것으로 조사되었으며 일주일 총에너지소비량의 27퍼센트를 걷는 데 사용하는 것으로 계산되었다.

문명의 혜택을 덜 받는 사람들의 경우는 어떨까? 보츠와나Botswana의 원주민 쿵산Kung San 족은 먹을 것을 사냥하거나 모으러

다니면서 일 년에 약 2,400킬로미터를 걷는다. 이 수치대로라면 이들 부족민은 하루 에너지 소비량의 대부분을 걷는 데 사용하였을 것이다.[24] 수학적으로 계산하면 하루에 6.6킬로미터, 일주일에 46킬로미터를 걷는 셈이다. 걷는 속도를 시속 5킬로미터로 가정한다면 일주일에 9시간 동안 걷는다는 결과가 산출된다. 그래서 교통이 발달되기 전이나 문명 이전의 사람들은 걷는 것에 대한 에너지 예산을 중요하게 여겼을 것이다.

추측하건대 인간 진화에서 걷기나 달리기의 동작 유형과 구조는 사용되는 에너지를 최소화하는 방향으로 선택되었을 것이다. 또한 인간은 끊임없는 시도와 실패를 통해 동작 유형을 개발했을 것이며, 에너지를 절감할 수 있는 방향으로 발달시켜 왔을 것이다. 물론 인간이 항상 에너지 절감만을 염두에 두고 행동하지는 않는다. 대표적인 예가 현대인이 체중 감량을 위해 의도적으로 에너지 소비를 늘리려는 다이어트 운동이다. 이런 예를 제외하면 인간은 언제나 자신의 에너지 소비를 최소화하고 최적화하는 방법을 터득해 실천해 왔다. 우리 선조가 그렇게 해 왔듯이 말이다.

다음으로는 인간의 이동 동작에 대한 에너지 비용을 알아보자. 에너지 비용은 보통 산소 소비량으로 측정된다. 앞 장에서 설명하였듯이 산소 소비량이란 우리 몸속에서 얼마만큼의 대사 과정이 진행되는지를 알려 주는 정확한 척도이다. 실험도 간단하게 진행할 수 있다. 먼저 실험 대상자를 러닝머신 위에 올라가게 한다. 그 다음 일정한 속도로 러닝머신을 작동시키고 실험 대상자는 그 속도에 맞추어 걷거나 뛰면 되는 것이다. 이때 실험 대상자가 들이마시고 내쉬는 공기를 모아 얼마나 많은 산소를 소비했는지 알아보면 된다.

아래 그래프는 속도에 대응하는 산소 소비량(여기에서는 힘으로 표현)을 보여 주고 있다. 느린 속도에서 걷는 것과 뛰는 것을 비교해 보자. 이 실험에서 실험 대상자들은 한 번은 걷고 또 한 번은 뛰도록 지시받았다. 그래프에서 초속 2미터 지점을 주목해 보자. 초

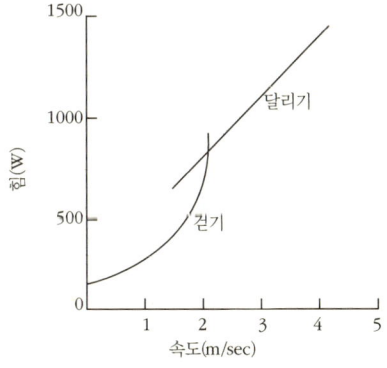

서로 다른 속도에서 걷거나 달릴 때 사용되는 에너지 성인 남성을 대상으로 한 경우로, 걷기와 달리기의 두 선이 교차하는 지점이 보인다. 걷기의 경우 교차 지점보다 더 빠른 속도로 걷는다면 이는 달리기보다 더 많은 에너지를 필요로 한다. 반대로 교차하는 지점보다 낮은 속도에서 달리게 되면 걷기보다 더 많은 에너지를 필요로 하게 된다. 이 그림은 어느 속도에서 걷거나 달리는 것이 더 효율적인 에너지 소비인지를 보여 주고 있다. (출처: Alexander, 2002. *Am J Hum Biol,* 14:641–648)

속 2미터 이하에서는 걷기가 달리기보다 낮은 에너지를 소비하고 있다. 그러나 걷기의 속도가 올라가면 걷기의 에너지 소비는 급속히 증가하며, 오히려 같은 속도로 달릴 때의 에너지 소비가 더 낮아지게 된다. 초속 2미터 속도에서 걷기와 달리기 중 좋은 것을 선택하라고 하면 모든 대상자들은 걷기를 선택한다.[25] 에너지가 덜 드는 것을 자신들의 몸이 알고 있기 때문이다. 보통 사람의 걸음은 초속 3미터까지 가능하며, 운동선수는 엉덩이를 뒤뚱거리며 초속 4미터까지 속도를 낼 수 있지만, 빠른 걸음은 분명히 상당한 에너지 소비를 요구하게 된다. 운동선수는 초속 3.5미터 속도로 걷는 것이 같은 속도에서 달리는 것보다 약 30퍼센트의 에너지를 더 소비하게 된다.[26]

이번에는 일정한 속도로 걷는 것과 뛰는 것의 에너지 비용 차이를 비교해 보았다. 속도는 일정하게 고정시키고 한걸음거리step length, 보폭만 변화시키는 방법을 이용했다.

옆의 그래프를 보면 실험을 위해 러닝머신의 속도는 초속 1.5미터로 고정시켜 놓고 실험 대상자의 옆에서 메트로놈을 작동시켰다. 메트로놈은 각기 다른 박자로 울리도록 조정했다. 1초에 1회, 0.95회, 0.9회로 속도를 줄이거나, 또는 1초에 1.1회, 1.2회 식으로 속도를 늘렸다. 그리고 각기 다른 메트로놈 속도에서 걷는 대상자들의 산소 소비량을 측정했다. 이 실험에서 대상자들이 보여준

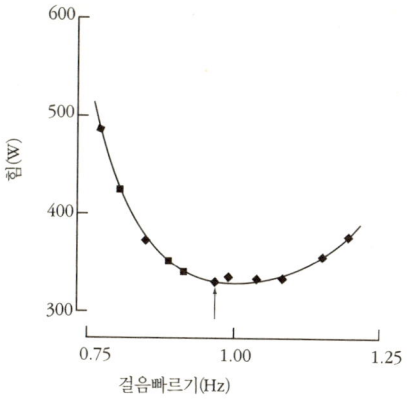

일정한 속도에서 걸음빠르기에 따른 에너지 비용 성인 남성의 경우로, 1.5m/sec의 일정한 속도로 걸으면서 스텝의 빈도를 1초에 0.75회부터 1.25회까지 다양하게 변화시켰다. 이 그림은 같은 속도로 걷는 경우에도 어떠한 스텝의 빈도수로 걷는가에 따라 에너지 비용이 다름을 보여 준다. (출처: Alexander, 2002. *Am J Hum Biol*, 14:641-648)

최소한의 에너지 소비량은 걸음빠르기stride frequency, 스텝 빈도가 약 0.95헤르츠일 때였다. 그리고 러닝머신의 속도가 증가할수록 최소한의 에너지 소비를 보이 걸음빠르기도 증가하는 것으로 나다났다.

이 실험 결과는 일정한 속도에서 인간은 에너지가 최소로 소비되는 걸음빠르기를 선택하여 걸으며, 이 걸음빠르기에서 사용하는 걸음걸이 폭보다 넓거나 좁으면 더 많은 에너지를 소비한다는 사실을 추측하게 해 준다. 같은 속도를 걷더라도 사람마다 다른 한걸음거리로 걷는 것이 당연하다는 뜻이다. 군대에서 모든 병사들이 같은 한걸음거리로 걷거나 뛰는 것이 불합리하다는 것이고, 그래서 장거리 행군에서는 발맞춰 갈 수 없다. 자신만의 걸음 패턴이 존재하기 때문이다.

코끼리와 공룡의 연비

아프리카 코끼리는 현존하는 지구의 육지동물 중 가장 크다. 성장한 수컷은 무게가 무려 6톤이나 나간다고 한다. 「동물의 왕국」에서 보는 코끼리들의 행동은 참으로 느긋하다. 주된 이동 방식은 걷기이며, 좀처럼 뛰는 모습은 보기 어렵다. 덩치가 크다보니 뛰려면 상당한 에너지를 소비해야 할 뿐 아니라 골격근과 뼈에도 상당한 무리가 갈 것이 자명하다.[27] 코끼리는 한곳에 머물며 쉬는 동물이 아니라 계속 움직이며 이동하는 습성을 지니고 있다. 계절에 따라 483~644킬로미터의 거리를 이동하며,[28] 한 번에 일정한 속도로 약 3, 4시간 동안 16킬로미터를 이동하기도 한다.[29] 그렇다면 코끼리의 체구와 생활 습성을 따져 보았을 때 분명히 이들의 에너지 소비 효율성은 상당히 좋을 것이라 기대하게 된다.

일반적으로 동물의 이동에 사용되는 에너지 효율성은 체구가 클수록 좋다. 큰 동물이 많은 에너지를 사용하지만 체중당 계산하면 상대적으로 적은 에너지를 소비한다는 뜻이다. 동물을 대상으로 만들어진 공식에 의하면 체중 1킬로그램을 1미터 이동시키는 데 사용되는 대사 에너지 비용은 체중 증가의 −0.316승에 비례하면서 감소하는 것으로 나타났다.[30] 결국 동물 중에서 체구가 가장 큰 코끼리가 에너지 비용 면에서 가장 효율적일 것이라는 예측이 성립된다. 그러나 코끼리의 구조나 걸음걸이를 보면 이러한 공식에 의한 예측을 믿어야 할지 의문이 생긴다.

먼저 코끼리 다리의 건축적 구조를 보면 체구에 비해 다른 어떤 동물보다 다리 두께 비율이 높으며 걸음걸이도 무겁다. 기능해부학자들은 잘 달리는 동물들의 다리 구조는 경제적인 달리기가 가능하도록 되어 있다고 말한다. 그런데 코끼리의 거목과 같은 다리는 이러한 경제성 면에서 가장 불리한 형태라고 한다.[31] 특히 각 다리를 교대로 움직일 때 가속하거나 감속하는 관성은 상당한 에너지를 필요로 할 것이라 한다. 이러한 이유로 코끼리의 다리 움직임에 상당한 에너지가 필요할 것이고, 다른 많은 동물에게는 적용되는 이러한 공식이 코끼리에게만 통하지 않을 것이라는 생각을 갖게 한다. 또한 무지막지한 다리를 가지고 쿵쿵거리며 걷기 때문에 다른 동물보다 더 많은 에너지를 소비할 것이라는 생각도 든다.

과연 그럴까? 그래서 이번에도 직접 코끼리를 불러 놓고 실험을 했다. 실험은 훈련된 말 잘 듣는 코끼리를 대상으로 했고, 코끼리를 다양한 속도로 걷게 한 다음 이들의 산소 섭취량을 측정했다.

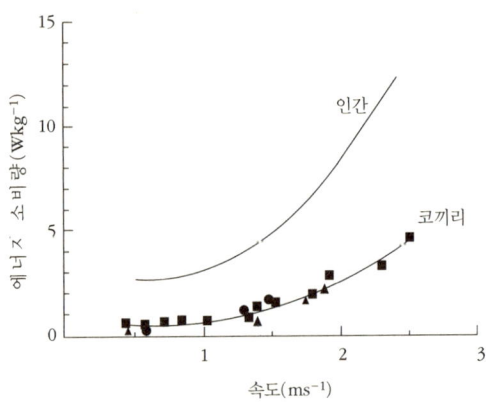

코끼리와 인간의 걷기 속도에 따른 에너지 소비량 코끼리는 빨리 걸을수록 에너지 소비량이 2차 곡선 형태로 증가한다. 이는 사람의 걷기 속도에 따른 에너지 소비량 증가 경향과 유사하다. 에너지 소비량은 산소 섭취량으로 측정되었다. (출처: Langman et al., 1995. *J Exp Biol*, 198:629-632)

결과는 어떻게 나왔을까? 놀랍게도 사람과 유사한 결과를 보이는 것으로 나타났다.

이 실험 결과를 나타낸 것이 위의 그래프이다. 사람의 경우와 마찬가지로 걷기 속도가 증가할수록 코끼리의 산소 섭취량은 곡선을 그리며 증가했다. 초속 0.4미터에서 2.5미터까지의 속도로 걷는 동안 산소 섭취량은 약 4배 증가했다. 그렇다면 건축적으로 불리한 코끼리의 다리가 어떻게 이렇듯 경제적으로 걸을 수 있는 것일까? 추측하건대 긴 다리와 긴 한걸음거리step length로 힘을 천천히 사용하는 한편, 느리게 움직이는 근육을 사용했기 때문이라고 해석할 수 있다.

연구 결과를 연장하면 재미있는 내용을 그려 볼 수 있다. 가만히 안정을 취하고 있을 때 아프리카 코끼리가 체중 1그램당 소비하는 에너지 양은 쥐의 1/20에 불과하다. 그러나 이동할 때는 그 차이가 더 확연해진다. 코끼리는 체중 1그램을 1킬로미터 이동시키는 데 쥐의 약 1/40에 해당하는 에너지만 소비한다는 계산이 나왔다. 이러한 에너지학과 체구 간의 관계는 완벽하게 일관성이 유지되기 때문에 생물학적 법칙으로 특징지어진다. 따라서 우리가 직접 보지는 못했지만 지구상에 존재했던 멸종 동물에도 이 법칙을 적용해 볼 수 있다. 지금은 찾아볼 수 없는 사라진 공룡에 이 법칙을 적용시켜 보자. 공룡은 무게가 34,000킬로그램에 달했던 지구상 최대의 동물이었다. 다음 94쪽의 그래프는 각 동물의 이동에 소요되는 최소 에너지를 부피별로 구분한 것이다. 부피가 작은 생쥐에서 코끼리로, 그리고 다시 공룡까지 연장한 예측 직선을 통해 공룡이 이동에 사용한 최소 에너지의 양을 보여 준다.

컬럼비아 대학의 알렉산더Alexander 교수는 1989년 선사시대 공룡들이 남긴 발자국의 흔적을 측정하여 이들의 이동속도를 계산해 발표했다.[32] 계산에 의하면 코끼리의 10배 이상의 무게를 가진 공룡은 대부분 초속 1미터로 이동했으며, 아무리 빨라도 초속 2.2미터를 넘지 않았을 것으로 추정된다. 아마도 공룡은 코끼리의 경우

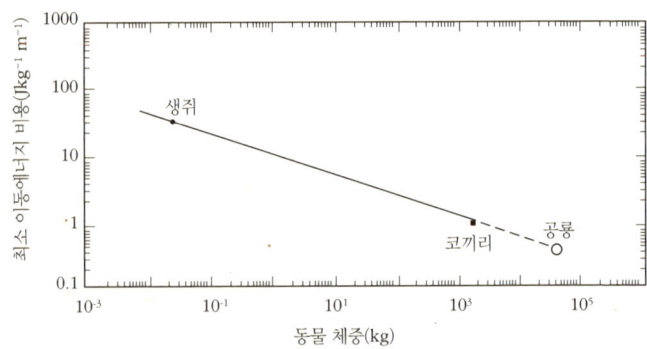

이동에 소요되는 최소 에너지 비용 가로축은 동물의 체중을 로그로, 세로축은 최소 이동에너지 비용을 표현하고 있다. 실선은 90종에 이르는 조류와 포유류를 대상으로, 작게는 체중 7그램의 피그미마우스(pygmy mouse)로부터 크게는 260킬로그램의 이르는 제부소(zebu steer)까지 이동시 사용되는 최소 에너지 소비량을 보여 주고 있다. 동물들의 체중에 따른 최소 이동에너지 소비량 곡선을 그대로 연장하면 코끼리의 추정값과 실제값이 상당히 맞아떨어진다. 이 곡선은 심지어 파충류, 양서류, 갑각류, 곤충에게까지 적용되는 것으로 나타났다. 이를 근거로 현존하지 않는 지상 최대의 동물인 공룡에게까지 이 곡선을 연장 적용할 수 있을 것으로 예상된다. 그림에서 점선은 이러한 연장 추정선을 의미한다. (출처: Langman et al., 1995. *J Exp Biol*, 198:629–632)

처럼 기계적인 이유 때문에 더 빠르게 걷지는 않았을 것으로 생각된다. 공룡이 걷는 데 사용한 비용은 효율성 면에서 최고 기록을 보여 준다. 이동에 사용된 최소 비용은 생쥐의 1/90이었으며, 개미의 1/1,300이었다. 걷는 데 참으로 효율적이었던 공룡이지만 그 효율성만으로는 지구상에 살아남지 못했다. 오히려 걷기에서 가장 비효율적인 기록을 보이는 개미가 동물 중에서 가장 성공적인 삶을 살아가고 있으며, 공룡은 멸종되고 말았다.

근육과 건의 에너지 절약 작전

동물이나 사람이 걷거나 달릴 때 어떻게 에너지를 절약할 수 있는 것일까? 단지 기계적 또는 물리적 효율성이나 훈련을 통한 효율성 때문에 가능한 것일까? 그렇지만은 않다. 결론적으로 말하자면 사람을 포함한 큰 포유류는 자신의 다리와 발에 장착된 탄성 구조를 이용하여 달릴 때 필요한 에너지의 많은 부분을 아끼게 되는 것이다.

이야기는 이렇다. 먼저 걷거나 달리는 동안 보이는 다리의 동작을 잠시 이해하고 넘어가자. 다리의 동작을 한 사이클로 보고, 둘로 나눠 절반은 처음으로, 나머지는 나중으로 생각해 보자. 처음 절반 동안 몸으로부터 얻어 낸 운동학적kinetic 잠재potential 에너지를 탄성에너지elastic strain energy로 잠시 저장하였다가, 동작 후반부에서 탄성 반동elastic recoil을 이용해 분출하게 된다. 간단히 말해 발을 내딛는 순간, 발과 다리에서 얻어진 에너지를 순간적으로 다리에 축적해 놓았다가 발을 떼는 순간에 이 에너지를 이용해 몸을 밀쳐내는 것이다. 마치 고무공이 튀는 것과 비슷하게 이해하면 된다. 고무공이 땅바닥에 떨어질 때 찌그러지지만 이내 찌그러진 모양을 원상태로 회복하려는 공의 힘으로 공이 위로 튀어 오르는 이치와 같다. 이때 특히 발에 붙어 있는 건tendon, 힘줄이 중요한 역할을 하게 된다.

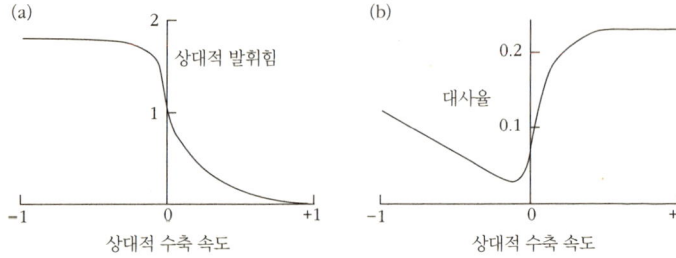

척추동물 골격근의 생리적 특성 그래프 (a)의 가로축은 수축 속도를, 세로축은 수축 당시 발휘되는 힘을 나타낸다. 여기에서 근육은 빨리 짧아질수록, 즉 빨리 수축할수록 생산할 수 있는 힘이 작아진다. 반대로 근육이 늘어나는 속도가 빨라지면 힘의 생산은 더욱 커진다. 그래프 (b)에서는 수축 속도에 대해 근육의 대사율을 보여 준다. 근육이 빨리 수축할수록 에너지대사율은 더 많이 필요하지만, 근육이 늘어나는 경우에는 적은 에너지를 필요로 한다. (출처: Alexander, 2002. *Am J Hum Biol,* 14:641−648)

걷거나 달릴 때 어느 정도의 에너지 비용이 들며, 근육과 건은 이 비용에 어느 정도 공헌할 수 있는 걸까? 이를 계산하려면 수학 모델을 이용해야 하는데 모델을 적용하기 전에 근육의 생리적 성질과 건의 탄성 성질에 대해 먼저 이해해야 한다.

위의 그림은 다양한 척추동물들의 근육 성질에 대한 실험 결과를 보여 주고 있다. 그래프 (a)의 가로축은 근육의 길이가 늘어나거나 줄어드는 속도를 나타내며, 세로축은 근육이 발휘하는 힘을 나타낸다. 근육의 수축 속도(짧아지는 속도)와 신장 속도(늘어나는 속도)에 대한 힘의 발휘 정도를 보여 주는 것이다. 가로축의 '0'은 근육의 길이가 변하지 않는 것을 의미한다. 근육의 길이가 변하지 않아도 근육이 힘을 발휘하는 경우이다. 예를 들어 들리지 않는 물건을 들 때 물건은 꿈쩍도 하지 않지만 우리 몸의 근육에는 힘이 들어가는 것과 같다. 이를 전문적으로는 등척성수축isometric contraction이라고 한다. 가로축의 오른쪽으로 천천히 이동해 보자. 즉 근육이 짧아지는 방향이다. 근육이 짧아지는 과정에서 빨리 짧아질수록 근육이 발휘하는 힘은 상대적으로 작아진다. 그리고 결국 근육이 가장 빨리 짧아질 때(이때를 최대 수축 속도라고 함), 근육은 전혀 힘을 발휘하지 못하게 된다. 이번에는 가로축의 왼쪽으로 이동해 보자. 근육이 늘어나는 경우이다. 근육이 늘어나게 되면 근육은 등척성수축의 약 1.8배에 해당하는 힘을 발휘한다.

근육의 수축과 신장이 나타날 때 대사율은 어떨까. 96쪽의 그래프 (b)를 보면 근육은 등척성운동에 비해 짧아지거나, 운동할 때 에너지대사율이 높게 나타난다. 근육이 힘으로 신장(늘어남)될 때에는 대사율이 낮아지며, 아주 많이 신장되지 않는 경우라면 마치 브레이크와 같은 역할을 하게 된다. 결과적으로 적은 에너지대사를 유지하면서도 많은 힘을 낼 수 있는 경우는 등척성운동 지점에서 약간 높은 지점의 근육 활동에서 가능해진다.

이번에는 건의 성질에 대해 알아보자. 건은 금속이나 플라스틱의 상노와 탄성 재질을 평가하는 기계를 이용하여 평가한다. 마치 하나의 섬유나 고무줄처럼 취급하는 것이다. 기계의 양쪽 끝 장력 검사 위치에 고정시킨 근육은 늘였다가 줄어들게 하는 동적 실험에 사용된다. 이러한 실험 과정을 거쳐 알게 된 사실은 건이 비직선적 탄성을 가졌다는 것이다. 건은 가장 편한 상태의 길이에서 약 110퍼센트까지 늘어날 수 있다. 이보다 더 길게 늘어나는 경우 건은 일종의 제동장치와 같은 역할을 한다. 대부분 포유류의 건은 같은 성질을 가진 깃으로 연구되고 있으며, 우수한 탄성elastic properties을 가진 것으로 보인다. 건을 늘렸다가 다시 줄어들게 하면recoiling, 늘린 데 사용된 힘의 93퍼센트에 해당하는 탄성이 사용된다.[33]

  건의 성질을 알아보기 위해 실제로 사람의 다리를 이용한 실험 결과도 있다.[34] 사고로 절단할 수밖에 없는 사람의 다리를 이용하였는데, 이 실험에서 사람의 다리에 있는 건은 마치 스프링과 같은 성질을 보여 주었으며, 건이 발휘한 힘의 78퍼센트는 바로 이 탄성반동으로부터 얻어진 힘이었다. 이 결과를 간단히 설명하면 사람이 달리는 동안 발을 내딛어 땅에 발이 닿을 때는 몸에 저장된 일정량의 기계에너지가 땅으로 전달되는데, 이렇게 땅으로 전달된 에너지 양이 모두 땅에 흡수되어 소실되는 것이 아니라 일정량의 에너지는 다시 다리의 아킬레스건으로 되돌아와 저장된다는 것이다. 이 에너지의 양이 땅으로 전달되는 총 에너지 양의 약 35퍼센트에 달한다. 뿐만 아니라 땅으로 전달된 에너지 중 약 17퍼센트는 발바닥 만곡arch of the foot의 스프링과 같은 작용에 의해 저장되고 발휘되었다고 한다. 따라서 달리기에서 건과 인대의 탄성은 상당히 중요하게 인식된다.

　사람뿐만 아니라 동물에서도 이런 건의 중요성을 발견할 수 있다. 캥거루도 사람의 경우와 마찬가지로 건이 중요한 역할을 담당하는 것으로 조사됐다.[35] 이 실험에서 캥거루의 발이 땅에 닿을 때 비복근gastrocnemius과 발바닥근육plantaris의 길이는 거의 변하지 않았고, 대신 건만 늘어났다가 반동되어 줄어들었다. 그렇지만 이런 건의 활동을 수학적 모델에 적용해서 에너지 비용을 추정하는 것은 상당히 어려워 보인다. 왜냐하면 근육과 건의 특성을 파악할 수 있어도 모든 자료는 한 근육만을 실험한 것이며, 실제 걷거나 달리는 과정에서 얻어진 것이 아니기 때문이다.

다리 움직임과 호흡의 리듬 공조

　살아남기 위해 달려야 하는 포유류가 지속적으로 유산소 능력을 유지하려면 신선한 공기 공급은 필수적이다. 그렇다면 달리기와 호흡은 어떤 모종의 관계가 성립되어 있는 것은 아닐까. 걸음걸이나 다리 움직임의 리듬은 호흡의 리듬과 밀접한 관계를 갖는다. 그리고 이러한 리듬의 조화는 훈련을 통해 습득할 수 있다. 이 조화 능력을 지니게 되면 움직임에 대한 대사 비용이 줄어들 뿐 아니라 같은 운동이라도 덜 힘들게 느낀다고 한다. 이러한 현상은 다양한 동물들에서 나타나는데, 하늘을 나는 새들도 그렇고 평야를 달리는 네발짐승 중에서도 찾을 수 있다. 네발동물은 가슴 부위에 가해지는 기계적인 거북함으로 말미암아 네 다리의 리듬과 호흡의 리듬이 밀접한 협응체제를 유지하는 것으로 보인다. 어떻게 발걸음과 호흡이 상호 리듬을 유지하는 것일까? 두 가지 이유 때문이다. 하나는 기계적인 충격이 원인이고, 또 하나는 내장의 피스톤 작용 때문이다.

충격 원인은 다음과 같이 설명할 수 있다. 네발동물의 경우 걷거나 달릴 때 발을 앞으로 딛고 뒤로 밀치는 동작은 가슴 부위의 근육을 수축하게 하는데, 이때 가슴을 조이는 근육은 허파의 팽창을 제한하게 된다. 말은 호흡과 발걸음의 비율을 거의 고정되게 1:1로 유지한다. 앞발이 땅바닥에 닿을 때 반복적인 충격이 흉부에 가해짐으로써 호흡이 제한받는 결과이다.

피스톤 작용은 다음과 같이 설명된다. 개의 경우 달리면서 자신의 내장을 앞뒤로 움직이고, 달리는 동안 내장의 반복적인 피스톤 움직임은 리듬을 타고 허파에 압력을 가한다. 개가 먹잇감을 쫓을 때 속도의 변화 폭이 넓음에도 효율성의 변동 없이 달릴 수 있는 유별난 능력은, 이렇게 허파를 기발하게 작동시키는 능력 때문이다. 또한 안정적으로 달린다는 것은 호흡의 안정적 작동이 필요하기 마련이다. 이쯤에서 사람을 떠올려 보면 사람은 직립하는 동물이므로 개와는 다르다. 따라서 매달려 있는 내장의 피스톤 작용을 이용하지 않는다.

그런데 발을 딛는 순간의 충격은 흉곽골격근의 수축을 바로 유발하지만, 피스톤 작용을 보이는 내장의 무게 이동은 약간 다른 시간적 리듬을 보이게 된다. 그렇다면 이 두 리듬은 서로 어떻게 작용하여 호흡에 영향을 미치는 걸까? 발 내딛기와 내장의 움직임이 호흡의 기계적 움직임에 영향을 주는 것은 명확해 보이지만 과연 이 두 요소가 호흡을 지배하는 걸까? 항상 그런 것은 아닌 듯싶다. 왜냐하면 몇몇 다른 동물 중에는 걸음걸이가 호흡의 리듬을 지배하지 못하고 오히려 교란시키기도 하기 때문이다. 도마뱀이 그런 예이다. 도마뱀은 걸을 때 허리를 좌우로 틀면서 걷는다. 호흡은 양쪽 가슴의 늑간근육intercostal muscle을 수축하면서 이루어지는 데 걷는 동작의 기계적 한계로 한쪽은 수축하고 반대쪽은 늘어나는 결과를 가져온다. 그래서 도마뱀은 걸으면서 이동하는 동안 허파의 공기 교환이 적절하게 이루어지지 않는다.[36]

이미 설명한 두 기계적 원인 외에도 걸음걸이와 호흡 리듬 간의 상호 관계에는 신경적인 요인도 존재한다. 동물 연구에서 밝혀진 내용으로 토끼의 척수에서 발걸음과 호흡 간의 결합이 나타나는 것으로 밝혀졌다. 이러한 상호작용이 인간에게도 있는지는 아직 알려지지 않고 있다. 신경적인 연결고리가 존재하든 그렇지 않든

간에 인간은 직립보행을 하고 있으며, 이런 이유로 1:1의 비율을 강요받지는 않는 것 같다.

인간의 걸음걸이는 보통 허파의 공기 교환을 방해하지 않는다. 많은 학자가 연결성을 증명해 보려고 했지만 이동 동작과 호흡 리듬은 광범위하게 나타나고 있다. 이동 동작과 호흡 리듬의 비율은 1:1, 2:1, 3:1, 3:2, 4:1, 심지어 5:2까지 다양하게 관찰된다. 이 중에서 2:1이 가장 빈번하게 나타나지만, 분명한 사실은 다른 동물들보다 훨씬 더 다양한 비율을 보인다는 것이다.[37] 이유가 뭘까? 발걸음과 호흡의 기계적 관계도 불분명하고 신경적인 조절 기능의 존재 여부도 모호하다면, 그리고 직립보행에서 비율이 이처럼 다양하게 나타난다면 인간이 동물로서 가지고 있던 기능을 상실했다는 의미인가, 아니면 그러한 잠재 능력이 분명히 존재함에도 그 능력을 끄집어내는 데 충분한 훈련이 되어 있지 않아서인가. 계속 고민해 봐야 할 문제이다.

4부 | 영리하게 돌아다니기

 평소에 어린아이가 많이 움직일까, 아니면 노인들이 많이 움직일까? 너무 빤한 질문인가? 움직임으로 말하자면 아이들을 따라갈 수 없을 것이다. 잠에서 깨면 움직이고, 앉았다가도 꼼지락거리기 일쑤이며, 잠시도 가만히 있지 않는다. 아이들이 잘 움직이지 않고 점잖게 앉아 있으면 애늙은이라고 놀리기 십상이다.

동물과 인간의 운반 능력 비교

창문 밖 잔디 위에 까치 한 마리가 내려앉는다. 일단 주위를 한 번 둘러본다. 그리고 풀 밑 땅속에 무엇이 있는지 부리로 쪼아댄 다. 저 새는 자기가 원하는 것을 어떻게 가지고 다닐까? 부리로 물어서, 아니면 발로 잡아서? 주머니도 없고 보자기도 없으니 뭔가 들고 다니려면 참 불편하겠다는 생각이 든다. 그런데 동물들이 물건을 나르는 경우가 있을까? 혹시 그렇다면 어떤 방법으로 물건을 나를 수 있을까? 그리고 어떻게 자기 체중에 부가적으로 무게를 더해 이동할 수 있을까? 무거울 텐데……. 그렇다고 도구나 기계를 사용할 수도 없을 터이고 말이다.

사람처럼 도구나 기계를 사용하지 않는다면 다른 방법을 이용해야 할 텐데 다른 방법이라는 것이 그리 많아 보이지 않는다. 원초적인 방법 외에는 도저히 상상이 되지 않는다. 원초적인 방법이란 신체 일부분을 이용하는 운송 방법이다. 아프리카 평원의 들개들은 무리지어 다니면서 사냥을 한다. 이들은 공동사냥을 통해 잡은 먹이를 공평하게, 그리고 재빨리 먹어치운다. 그런 다음 다시 자기들의 보금자리로 돌아온다. 들개는 집으로 돌아오자마자 자기가 먹었던 음식을 게워 내어 새끼들에게 먹인다. 또 다른 동물의 경우인 아프리카 표범은 잡은 먹잇감을 나무 위로 끌어올려 놓아 다른 동물들이 훔쳐가지 못하도록 한다. 이때 표범은 강한 이빨로 먹잇감을 잡고 수직의 나무에 오른다. 원숭이 계통의 동물들은 먹잇감을 손으로 들고 옮긴다. 동물들의 이러한 행위에서 찾을 수 있는 공통점은 살기 위해 고안한 최소한의 육체적 행동이라는 것이다. 그리고 그 이동 거리도 상대적으로 제한적이다. 장거리 이동에 사용할 수 있는 방식이 아니며, 여유를 즐기는 사치스러움은 더더욱 아니다.

그런데 동물의 이러한 물건 이동 방식의 규칙을 인간은 또 배반하고 있다. 인류고고학에서 이해하는 고대의 인간들은 동물과 다른 방식으로 물건을 운반했다. 인간은 먹을거리를 잡거나 모아서 다른 곳으로 이동하여 그것을 먹었다. 선사시대의 인간은 도구를 들고 이동했으며, 도구를 이용해 보금자리와 은신처를 만들었다. 선사시대부터 현대까지 인간은 다른 어떤 척추동물보다도 더 많은 물건을 들고 다녔을 것이다. 심지어 집까지 들고 다녔다는 기록이 남아 있을 정도이다. 집까지 운반할 정도였다면 분명히 손과 이빨만으로는 불가능했을 것이다.

물론 동물 중에도 장비를 사용하여 물건을 이거나 끌어서 운반하는 동물을 볼 수 있지만 자연환경에서 존재하는 방식은 아니다. 인간의 요구에 의해 이루어지는 동물들의 강제적 노동에서나 볼 수 있는 방식이다. 말이나 나귀, 소 등의 가축들이 여기에 포함되는 동물들인데, 이들은 쟁기나 마차를 끌고 사람이나 물건을 싣고 이동한다. 이들에게는 장비가 장착되고, 이 장비가 인간이 명령하는 일을 할 수 있도록 도와준다. 인간은 자신들보다 엄청난 힘을 가진 이 동물들에게 장비를 장착시키면 운반 능력이 향상된다는 사실을 알고 이들을 이용하는 것이다. 여하튼 자신의 선택이든 그렇지 않든 간에 분명한 것은 동물이나 인간은 물건을 이동시키고 운반하는 능력을 갖추고 있다는 점이다. 그렇다면 동물들은 물건을 어떻게 운반할 수 있는 걸까? 어느 정도까지 에너지를 소비하며, 혹시 자신에게 추가적인 무게를 부담시키고도 효율적인 운반 능력을 발휘할 수 있을까?

먼저 동물들의 운반 능력부터 알아보면 개미, 벌, 매미잡이벌 cicada killer wasp 등의 곤충들은 자신의 체구와 걸맞지 않은 큰 물건을 운반할 수 있다. 코뿔소벌레rhinoceros beetles는 자기 체중의 30배나 되는 무게까지 운반한다고 한다.[38] 동물들의 체구가 커지면 커질수록 운반할 수 있는 물건의 무게가 증가하지만, 실제로 체중 대비로 평가하자면 체구가 커질수록 체중 대비 물건의 무게는 오히려 줄어든다. 예를 들면 사람은 비슷한 체중의 다른 사람을 업고 이동할 수 있으며, 개는 자신의 체중보다 훨씬 무거운 무게를 등에 지고 이동할 수 있다. 그러나 사람이나 개보다 무게가 훨씬 많이 나가는 말은 자신의 체중과 같은 말을 등에 질 경우 이동하지 못하고 주저앉아 버린다. 체중 대비로 하자면 인간은 유독 상당히 큰 물건들을 운반할 수 있는 능력을 가지고 있다.

인간은 어느 정도의 무게까지 짊어질 수 있을까? 어떤 학자들은 인간이 손이나 도구를 이용해 들 수 있는 최대 무게와 어깨나 등에 질 수 있는 무게가 비슷하다고 말한다. 일단 땅바닥에서 들어 올릴 수만 있다면 그 무게를 지고 이동 가능하다는 것이다. 실제로 사람은 자신의 몸무게보다 무거운 무게를 지고 이동할 수 있다. 그런 사례를 찾아보자. 현대적 문명에서 약간 떨어진 곳에 사는 사람들 중에는 사람과 나귀만이 유일한 운송수단인 경우가 있다. 히말라야 남부의 짐꾼들은 높은 언덕을 오르는 지형에서, 그것도 공기가 희박한 곳에서 최고 90킬로그램의 무게를 지고서 장시간 이동할 수 있다고 한다.[39] 또한 아직 몇몇 학자들에 의해 그 진위 여부를 의심받기는 하지만 시노티베트Sino-Tibetan 경계 지역의 홍차 짐꾼들은 160킬로그램의 무게까지 지고 이동할 수 있다고 한다.[40]

인간이 다른 동물보다 무거운 짐을 운반할 수 있는 것은 어떠한 원리 때문일까? 먼저 인간이 물건을 운반할 때 필요로 하는 에너지를 알아보자. 이미 설명한 에너지대사량의 개념을 대입해 보자. 인간의 에너지대사량 증가폭이 그 어느 동물보다 크다는 것을 상기하면서 말이다. 인간의 걸음은 안정 시 대사량의 약 3배에 해당하는 에너지를 요구한다. 여기에 짐의 무게를 가산하면 약 2.5배가 가중된다. 그리고 장거리를 운반하는 동안 이동 경로의 경사로를 고려하면 약 1.5배가 더 가중된다. 이를 수학적으로 계산하면 걸음으로 늘어난 3배의 에너지 양은 총 11배로 증가하게 된다. 이를 전기로 환산하면 약 900와트의 에너지 양인데 이는 몇 분 안에 사람을 지치게 하는 결과를 가져온다. 또한 고산지대처럼 높은 곳으로 올라갈 때의 고도를 감안하면 공기가 희박하니 얼마나 고통스러울 것인가. 자신이 느끼는 고통의 수준까지 고려한다면 대사량은 안정 시의 13배를 훨씬 넘는 수준으로까지 치닫게 된다.

그런데 이것이 가능한 수치일까? 불가능한 것만도 아닌 듯싶다. 다르게 이해해 보자. 사용되는 에너지 양만큼 보충할 수 있다면 어떨까? 만약 이들에게 엄청난 양의 음식을 보충해 준다면 말이다. 이들이 사용하는 에너지 양에 맞추려면 계산상으로 거의 시간당 800칼로리가 필요하다. 오르막과 내리막을 이동하고 그 중간의 휴식시간을 포함해 짐을 하루에 6시간 운반한다면, 그리고 하루의 나머지 시간은 일상적인 생활을 한다고 가정한다면 하루에 6,000 칼로리의 열량이 필요하다는 가설이 나온다. 그래서 가능한 것이다. 인간의 노동 중에서 가장 힘들다는 벌목작업자들의 사례를 보면 이 정도의 에너지를 소비하고 있음을 알 수 있다. 계산만으로도 이렇게 힘든 운동이 가능하다는 것을 우리는 이미 투르 드 프랑스 경주에 참가한 선수들에게서 확인한 바 있다. 결국 인간의 대사 능력이 이렇게 놀라운 운반 능력을 가능하게 하는 것이다.

효율적인 물건 나르기

아무리 기계문명이 발달하더라도 인간이 직접 짐을 운반해야 할 경우는 많다. 특히 문명의 이득을 충분히 누리지 못하는 지구상의 많은 곳에서는 주기적으로 무거운 짐을 져야 한다. 이런 사람들의 생활양식은 아주 오랫동안 할아버지에서 아비지로, 그리고 다시 자식에게로 이어지고 있다. 맨몸으로 이동하는 것과 달리 짐을 지고 이동할 때는 자신의 체중에 짐의 무게까지 더해, 다리가 발휘해야 하는 힘이 더욱 커진다. 기계적 힘을 발휘하는 다리는 중력이 아래로 잡아당기는 힘에 대응하고 또 앞으로 가속하면서 전진해야 하는 이유로 상당한 노력을 기울이게 된다. 그래서 동물이 걷거나 달릴 때 대사 에너지 소비량은 근육이 발휘해야 하는 운동학적 노동과 근육이 등척성수축을 해야 하는 정도에 비례하여 증가한다. 간단히 설명하면, 체중 이상의 무게를 운반할 때 근육은 더 많은 힘을 발휘해야 하기 때문에 더해진 짐의 무게만큼 추가로 더 많은 에너지대사량이 필요하다는 뜻이다.

그렇다면 짐을 나르는 사람들은 모두 짐 무게 때문에 에너지대사량이 증가해야 할까? 논리적으로는 그렇다. 짐을 운반하면 에너지가 더 소모된다. 하지만 그렇지 않은 경우도 있다. 짐을 날라도 에너지 소비량이 증가하지 않는 사례들이 있다는 것이다. 히말라야의 셰르파Sherpa, 아프리카의 키쿠유Kikuyu 족이나 루오Luo 족이 그런 예이다. 이들은 문명에 노출된 사람들보다 훨씬 적은 에너지를 사용하면서 물건을 운반하는 능력을 갖추고 있다.[41] 케냐 서부 평원에 사는 루오 족 여자들은 몸무게의 70퍼센트에 해당하는 물건을 머리에 이고서도 균형을 잡으며 걷는다. 우리나라 옛 여인네들이 머리에 물동이를 이던 것과 비슷한 운송 방법이다. 험한 아프리카 중앙 고지에 사는 키쿠유 족 여자들은 무거운 짐에 끈을 연결한 후, 그 끈을 앞머리에 두르고 등 뒤로 물건을 진 자세에서 몸을 약간 앞으로 기울여 이동한다. 이들이 몸무게의 70퍼센트에 해당하는 무게의 물건을 질 때는 아주 느린 걸음으로 이동한다.

흥미로운 것은 이들이 짐을 운반할 때 문명인들보다 에너지 소비량이 증가하지 않는다는 점이다. 어렸을 때부터 무거운 짐을 지고 다녔던 사람들을 대상으로 실험한 결과, 아무것도 이거나 지지 않고 걸을 때의 에너지 소비량과 체중의 20퍼센트에 해당하는 무게를 이거나 지고 걸을 때의 에너지 소비량이 같았다는 것이다. 짐의 무게를 체중의 30퍼센트, 또다시 40퍼센트로 점차 증가시켜 보았다. 그랬더니 체중에서 30퍼센트 증가한 무게를 운반할 때의 에너지 소비량은 약 10퍼센트 늘어났으며, 체중의 40퍼센트에 해당하는 무게를 운반할 때는 에너지 소비량이 단지 20퍼센트만 늘어나는 것이 발견되었다. 문명인에게는 나타나지 않는 현상이다. 문명인은 무게가 증가하면 체중에 더해지는 물건의 무게만큼 에너지 소비량이 증가하는 대가를 치러 왔다. 실험 결과에 따르면 짐 없이 평상시 걸을 때 아프리카 여자들이 다른 사람들보다 유리한 현상은 찾을 수 없었다. 안정 시에도 에너지대사량은 다른 사람들과 비슷했으며, 짐 없이 다양한 속도로 걷거나 달릴 때의 에너지대사량도 비슷했다.

무게의 증가에 따른 에너지 소비량의 증가는 문명인뿐 아니라 동물에서도 비슷하게 나타나는 현상이다. 말, 개, 쥐 등의 동물을 동일한 속도로 달리게 하고 실험한 결과, 어떠한 달리기 속도에서나 물건의 무게가 증가하는 것에 정비례해 에너지 소비량이 증가하는 것을 알 수 있었다. 다시 말해 동물은 체중 20퍼센트에 해당하는 무게를 짊어지면, 달리는 동안 추가로 발생하는 에너지 소비

량도 약 20퍼센트 증가하는 것으로 나타났다.[42]

아프리카 여자들이 보여 주는 에너지 소비량의 절약은 어떻게 설명할 수 있을까. 이렇듯 엄청난 우월성을 갖게 된 메커니즘에 대해 아직 명확히 알려진 바는 없다. 단지 여러 가지 가능성이 제시되고 있을 뿐이다. 그 중 하나가 어렸을 때부터 무거운 짐을 옮기는 생활을 해 왔기에 해부학적 구조가 변했을 수 있다는 추측이다. 또한 좀 더 효율적으로 근섬유를 사용하고자 다른 사람들보다 걸음걸이 방식을 약간 바꾸었을 수 있다는 가설도 제기된다. 그리고 우리가 모르는 전혀 다른 무엇이 전체적으로 변했을 수도 있다는 가능성도 제시되었다.

또 하나의 가설은 다음과 같이 설명된다. 여기에서는 걸음걸이 과정에서 발바닥으로 전해지는 무게와 그 무게의 이동을 민감하게 추적할 수 있는 감지 장치인 지면반력기force platform를 사용했다. 키쿠유와 루오 족의 여자들을 대상으로 머리에 짐을 이고 실험해 본 결과, 이들은 짐을 진 상태에서 인체의 무게중심을 유지하는 능력이 우수하다는 결론이 나왔다. 일반인들로 구성된 비교군에서는 찾아볼 수 없는 능력이었다. 쉽게 설명하자면 물동이를 이고 걸을 때 일반인들은 위아래나 좌우로 몸이 많이 흔들렸지만, 키쿠유와 루오 족의 여자들은 짐이 무거워질수록 몸이 좌우나 위아래로 흔들리지 않았다는 것이다. 이러한 걸음걸이가 기계적 에너지를 보존하여 노동량을 줄였다는 분석이다. 발걸음마다 에너지를 소비하지 않고 시계추처럼 에너지를 이전energy transfer시켜 에너지를 보존하고 효율적으로 사용하였다는 뜻이다.

궁금한 것은 키쿠유와 루오 족의 여자들이 물건을 운반할 때 증가하는 에너지 소비량이 왜 하필 체중의 30퍼센트가 넘는 물건을 운반할 때부터 나타나는가 하는 것이다. 짐의 무게가 체중의 30퍼센트를 넘어서면서부터 에너지 소비량의 증가와 기계적 일량 증가 간의 비례 관계가 깨지는 것이다. 일하는 양보다 에너지 소비량이 더 커지는 것이다. 왜 그럴까? 가능한 원인으로는 일에 대한 근육의 효율성이 감소하거나, 자세를 유지하고 물건을 이는 데 사용되는 근육이 등척성수축을 하거나, 무게중심을 유지하기 위해 일의 양이 증가했을 수 있기 때문이다. 그리고 이러한 무게를 이고 나르는 기술을 구사하는 데 이들의 근력이 필요하기 때문일 수도 있다. 즉 상당한 무게를 이는 데에는 이들에게도 근력의 한계가 있을 것이라는 뜻이다. 이러한 논리는 다른 곳에서도 발견된다. 예를 들어 같은 키쿠유와 루오 족의 여자들이라도 살찐 여자들이 머리에 물건을 지고 가는 경우에는 마른 여인들이 보여 주는 효율성을 찾을 수 없기 때문이다.[43]

그렇다면 두 부족의 여인들은 머리에 이거나 등에 지는 서로 다른 방식으로 짐을 옮기는데, 이 다른 방식의 짐 운반 방법이 어떻게 같은 유형의 에너지 효율성을 보이는 걸까? 미국 육군의 연구에 의하면 이 두 방법의 에너지 소비량에는 거의 차이가 없었다. 미국인을 대상으로 실험한 결과, 이들은 체중의 20퍼센트에 해당하는 무게를 머리에 올려 옮길 때 25퍼센트의 에너지를 더 사용하는 것으로 나타났다. 우리가 보통 짐을 들거나 안고서 옮길 때와 에너지 사용량 증가에서 별 차이가 나지 않았다.[44]

운반의 경제학

사람이 짐을 나르고 운반한다는 것은 문화적으로나 사회적으로 상당히 중요한 의미를 갖는다. 사람이 항상 물건을 들고 다니는 것은 아니지만 생활 속에서 물건을 들고 이동하는 행위는 흔히 볼 수 있는 모습이다. 시장에서 장바구니를 들고 다니는 것부터 책가방을 메고 학교에 가거나 서류가방을 들고 메고 출근하는 모습까지 다양하다. 직업적인 환경에서도 비교적 짧은 거리를 짐을 운반하는 경우가 적지 않다. 심지어 장비를 이용하지 않고 먼 거리를 직접 운반하는 선택을 하기도 한다. 바퀴 달린 이동 수단을 사용할 수 없는 험한 지형에서는 일일이 사람 손으로 운반하는 방법 외에는 다른 수가 없다. 이때 사람들은 짐을 등에 직접 지고 가는 방법을 선호한다. 일상생활이나 직업적 의무가 아니더라도 인간의 운반 능력은 상당히 중요하다. 군인들의 가장 기본적인 체력 행위는 행군이며, 군장을 꾸려 행군하는 능력은 21세기에도 여전히 중시되는 군인의 육체적 덕목이다. 사실 군장을 지고 장거리를 이동하는 것은 모든 병사들이 겪어야 하는 고된 훈련 과정이기도 하다.

사람이 짐을 지고 이동할 수 있는 능력에 대한 관심은 우리 같은 보통 사람보다는 극한상황에 도전하는 사람들을 위한 것일 수 있다. 병사들의 군장을 예로 들어 보자. 19세기 말 영국 왕실위원회는 병사들이 짊어질 수 있는 군장의 적정 무게가 18킬로그램 정도일 것으로 판단했지만, 그 후 실제 전쟁터에 도착한 병사들은 그 무게 때문에 더욱 지쳤다는 사실을 알게 되었다. 그러나 이런 사실이 현장에 바로 적용되지 않았으며, 제1차 세계대전 기간 동안 영국은 오히려 전장에 투입되는 보병의 군장 무게를 27킬로그램까지 올렸다. 병사들이 많은 물건을 싸서 짊어지고 다니면 좋겠지만 병사들은 금방 지칠 것이고, 그렇다고 종알이나 부기 능을 석게 가시고 다니면 전투에서 몇 발 쏴보지도 못하고 항복해야 하는 경우가 생길 수 있다. 그러니 적정한 수준의 군장 무게를 아는 것은 매우 중요하다.

과연 군인들의 군장 무게는 어느 수준이 적당할까? 먼저 역사적인 경험을 통해 확인해 보도록 하자. 아프리카 여자들처럼 오랜 시간 동안 세대에서 세대로 이어진 지혜와 능력이 아니라면 일일이 실제 사실에 기초해 직접 찾을 수밖에 없다. 근대사에 수많은 전쟁이 존재했으니 이를 근거로 살펴보면 어떨까.

군장의 역사적인 변천 과정을 남아 있는 기록을 통해 추정한 근삿값으로 살펴보자. 18세기까지는 군장의 무게가 15킬로그램을 넘지 않았다. 이때까지는 마차나 말, 손수레와 같은 보조적 장비를 많이 이용했고 병사들이 많은 군장을 꾸려 이동한 것 같지는 않다. 전투의 양상도 벌판에서 양 진영이 크게 대열을 만들어 서로 총질하면서 대포도 쏘고 서로 진격하는 등의 백병전 형태였다. 그런데 18세기가 지나면서 전쟁과 전투의 양상이 바뀌었고, 각 병사들의 역량과 능력이 전투를 승리로 이끄는 중요한 변수로 작용하게 되었다. 변화된 전투 양상은 병사들에게 자신이 필요한 물건과 소모품은 자기 스스로 운반하기를 요구했다. 병사들은 상당한 수준의 장비와 보급품들을 직접 운반해야 했다. 영국은 크리미아Crimea, 1853~1856전쟁을 치르면서 병사들의 기동력에 대한 연구를 시작했으며, 이 연구 과정에서 적정한 군장 무게에 대해 관심을 갖게 되었다. 더불어 군장의 적절한 운송 방법도 고안했다.

미국도 마찬가지이다. 1980년대 중반부터 병사의 기동력을 최대한으로 끌어올릴 방법을 고안하는 데 노력했으며, 이 과정에서 다섯 가지의 방법을 평가했다. 첫 번째는 물건의 소재를 가볍게 하는 것이다. 그러나 기술의 발달과 군장의 첨단화에도 불구하고 소재의 무게를 줄임으로써 얻을 수 있는 이득은 전체 군장 무게의 6 퍼센트에 불과했다. 두 번째는 컴퓨터 시뮬레이션을 통해 전장에서 발생 가능한 시나리오를 입력하고 그 결과에 따라 군장의 내용물과 무게를 변화시키는 프로그램을 개발하는 것이다. 세 번째는 손수레나 특수 운반 장비와 같은 적절한 운반 장비를 개발하는 것이다. 네 번째는 현재의 운반 패러다임을 재평가하는 것이었는데, 사격 능력을 향상시켜 탄환의 소비량, 즉 운반 필요량을 줄이는 것이었다. 마지막으로는 병사들을 육체적으로 더욱 강화시켜 짐을 운반하는 능력을 향상시키는 것이었다. 과연 이 연구 결과는 우리에게 어떠한 정보를 주었는지 궁금하다.

군장은 에너지 효율뿐 아니라 전쟁터를 전전하는 병사들의 기동력을 고려하지 않을 수 없다. 아프리카 평원에서 평화롭게 머리에 짐을 이고 가는 키쿠유와 루오 족의 여자들과는 상황이 다르다. 언덕을 오르거나 내려가기도 하고, 물을 건너기도 하고, 포복을 해야 할 때도 있다. 적의 총탄으로부터 자신을 보호할 지형지물이 없다면 자신의 군장을 이용해 몸을 지키기도 한다. 이러한 상황을 모두 만족시킬 만한 운송수단이라면 배낭만 한 것이 있을까. 배낭의 효율성은 먼저 병사의 무게중심에 가깝게 부착시킬 수 있다는 점이다. 이러한 관점에서 다양한 배낭 유형이 평가되었다. 결과적으로 등 쪽으로만 지는 등배낭backpack과 몸통의 앞뒤로 반반씩 나눠

서 지는 더블백double pack이 다른 어떤 유형의 배낭보다 에너지 비용이 적게 드는 것으로 나타났다. 그런데 기능적인 면에서 더블 백은 장점과 단점을 동시에 가지고 있다. 더블백은 등배낭보다 몸통을 앞으로 기울이지 않아도 되어서 평상시의 걸음걸이와 유사하게 걸을 수 있다는 것은 장점이다. 하지만 더블백은 전방으로의 시야, 내리고 짊어질 때의 불편함, 갑작스러운 상황에서의 대처 능력, 호흡이 자유롭지 못하다는 점, 그리고 더위나 스트레스를 더 많이 받는다는 단점이 있다.

짐은 몸통 외에 다른 많은 신체 부위에도 실릴 수 있다. 그러나 다른 신체 부위에 무게를 싣는 것은 상당한 에너지 소비를 불러온다. 상체와 비교해 다리에 같은 무게가 더해지면 에너지 소비량은 5~7배까지 증가된다. 발에 1킬로그램 무게가 더해지면 에너지 소비량은 7~10퍼센트까지 증가한다는 연구 결과도 있다.[45] 다시 말해 발에는 더 이상 무게 부담을 주지 않는 가벼운 신발이 평소에도 에너지 소비량을 늘리지 않아서 좋다. 허벅지도 예외는 아니다. 발보다는 적지만 허벅지에 1킬로그램의 무게가 더해지면 몸통에 1킬로그램의 무게가 더해지는 것에 비해 에너지 소비량이 약 4퍼센트 증가한다. 손으로 들고 다니는 것은 어떨까. 다리에 무게를 싣는 것보다는 손으로 운반하는 것이 에너지 소비 측면에서 훨씬 경제적이다. 그러나 다리와는 달리 짐을 든 손의 위치에 따라 그 경제성은 상당히 달라진다. 만약 몸 쪽 가까이 물건을 들고 있다면 다리에 무게를 싣고 운반하는 것보다 몇 배 이상 효율적일 수 있다.

전쟁터나 훈련을 위해 군장을 해야 하는 군인이 아닌 일반인은 일상생활에서 어느 정도의 무게를 짊어질 수 있을까? 그 전에 먼저 물건 운반에 대한 효율성을 따져 보자. 보통 사람이라면 자신의 체중에 물건을 더하여 움직이면 그 물건의 무게만큼 에너지 소비량이 증가하게 된다. 논리적으로 같은 속도에서 자신의 체중만큼을 지고 걸으면 에너지 소비가 2배로 증가한다는 것이다. 그렇다면 생각해 보자. 우리가 이사하면서 물건을 옮길 때 모든 사람들이 같은 방식으로 같은 무게를 지는 것이 유리할까? 아니면 체중에 따라 다른 무게의 물건을 지는 것이 유리할까? 에너지 측면에서 어떤 방법이 더 나을까?

사람의 체중과 짐의 무게를 이용하여 계산해 보자. 몸무게가 70 킬로그램인 사람이 있다 한 번은 35킬로그램, 또 한 번은 70킬로그램의 짐을 진다고 가정해 보면 35킬로그램의 짐을 지는 경우, 이 사람은 총 105킬로그램의 무게(70+35)를 이동시켜야 한다. 70킬로그램의 짐을 지는 경우라면 140킬로그램의 무게(70+70)를 이동시켜야 한다. 짐의 무게는 100퍼센트 차이지만(35:70), 에너지 필요량은 33퍼센트(105:140) 차이가 난다. 따라서 일정 이동 거리보다 총 에너지 소비량을 보면, 상대적으로 무거운 짐일수록 이동하는 데 비용이 덜 든다. 더 무거운 짐을 지게 되면 운반자도 더 적게 필요하고, 따라서 보충해야 할 음식의 양도 줄어든다. 운반에도 기술이 필요하다. 머리를 쓰자. 시간과 돈을 절약할 수 있다.

경제적인 이동경로

가끔 이런 생각을 한다. 집에서 학교까지 가는 거리는 늘 일정하지만, 어떻게 가는 것이 가장 효율적인 방법인지 계산해 보는 것이다. 비 오는 날 천천히 걷는 것과 빨리 뛰어가는 것 중 어느 방법이 비를 덜 맞을지 따져보는 것과 비슷한 고민이다. 일정한 거리를 이동할 때 과연 빨리 가는 것과 천천히 가는 것의 에너지 소비량은 같을까, 아니면 다를까? 물론 시간적인 제약이 이동하는 속도를 결정짓는 요소일 수 있다. 시간이 많다면 천천히 가든 빨리 가든 크게 상관없겠지만, 지각을 하는 경우처럼 시간을 다툰다면 분명히 에너지 효율과는 상관없이 빨리 가야 할 테니 말이다.

동일한 거리를 가장 효율적으로 걷는다는 것은 최소한의 에너지가 소요되는 속도로 걷는 것이 당연한 이치일 것이다. 에너지 비용으로 보자면 보통은 초속 약 1.4미터의 속도가 최적이다. 최소한 실험실에서 이루어진 실험 결과에 의하면 그런 결론이 산출된다. 그렇다면 실제로 사람들은 일상생활에서 초속 1.4미터 정도의 속도로 걸을까? 아닌 것 같다. 사람들은 이보다 조금 빠른 속도로 걷는 것으로 보인다. 어느 정도의 속도일까? 대답은 약 초속 1.5미터의 속도이다. 초속 1.4미터나 1.5미터나 눈으로 보기에는 엇비슷하게 느껴지지만 말이다. 도심에서 사람들이 방해 없이 자유롭게 걷는 모습을 관찰해 보았다. 물론 이들은 자신들이 실험 대상이란 것조차 모르는 무방비 상태일 때, 평균적으로 초속 1.5미터가 나오는 것으로 조사되었다. 재미있는 점은 대도시일수록, 도시의 규모가 클수록, 사람들이 빨리 걷는 것으로 관찰되었다. 에너지 효율성을 따질 만큼 도시 사람들이 많이, 오래 걷는 것은 아니지만 바쁜 일정을 소화해야 하기 때문으로 파악된다.[46]

과거에는 사람이 먼 거리를 갈 때 지금과는 달리 경제적으로 걸어야 했을 것이다. 그러므로 목적지까지의 거리를 예상하고 속도를 조절해서 걸었을 텐데 문제는 그 목적지까지의 과정이다. 그곳까지 가는 길이 평지만은 아니었을 것이고, 그 때문에 선조들은 걷는 속도뿐 아니라 지세와 지형지물까지 고려해야 했을 것이다. 산도 있고 강도 있고 냇물과 언덕이 존재하는 것이 사람 사는 육지의 모습이니 말이다. 물론 두 지점의 최소 거리는 직선 — 우리는 수학 시간에 직선을 이렇게 배웠다 — 이며, 사람이 한 지점에서 다른 지점으로 이동할 때 최소한의 에너지를 소비하는 이동선은 바로 이 직선으로 이어지는 길일 것이다. 최소한 편평한 땅으로만 이루어졌다면 말이다. 하지만 길이란 왼쪽이나 앞쪽에 언덕이 있고, 냇물을 건너 웅덩이를 돌아 산모퉁이를 휘감는다. 물이 있으면 빠지지 않도록 돌아가고 커다란 나무가 서 있으면 피해 가야 한다. 보통 사람들은 장애가 되는 것은 피해 가고, 힘이 덜 드는 길을 선택하게 된다. 모래 위를 걷는 것은 평지를 걷는 것보다 힘들어 사람들은 모래를 피해 돌아가는 길을 선택한다. 그래서 모래사막에는 길이 없나 보다. 그렇다면 모랫길을 걷는 것이 평지를 걷는 것보다 얼마나 더 많은 에너지가 소비될까? 원칙적으로 지면이 약한 곳을 걸을 때 에너지 소비량은 증가하게 된다. 콘크리트 바닥을 걷는 것보다 마른 모래 위를 걸으면 약 2.1~2.7배의 에너지 소비량이 증가하고, 걷는 것보다 달릴 때는 그보다 1.6배 더 많아진다.[47] 눈 위를 걷는 것도 마찬가지이다. 눈의 깊이에 따라 다르지만 발목 정도까지 쌓인 깊이라면 실험실에서 러닝머신 위를 걷는 것보다 약 5배까지 에너지 소비가 증가한다고 한다.[48]

  사람의 이동 경로에서 위험 요인을 피해 돌아가는 것, 될 수 있으면 단단한 땅바닥 위를 이동하는 것 외에 또 원치 않는 상황은 오르막길과 내리막길이다. 경사 정도와 오르는 속도에 따라 다르겠지만 경사로는 참으로 숨찬 길이다. 어떤 사람은 올라가는 만큼 내려갈 때 그만큼의 이득이 생기는 것 아니냐고 반문하기도 한다. 정말 그럴까? 과학자들은 이 의문점을 그냥 지나치지 않고 또 실험을 했다. 거리는 일정하게 정한 뒤 한 번은 평지로 걸었고, 다른 한 번은 그 거리의 반을 오르막길로, 나머지 반을 오르막길과 같은 각도의 내리막길을 만들어 걸었다. 결과는 어떻게 나왔을까? 경사가 있어 오르고 내리는 길이 편평한 길을 걷는 것보다 에너지 소비가 많다는 결과가 나왔다.[49]

그러니까 사람은 가능하면 단단한 표면에서, 피해서 돌아가는 것을 최소화하며, 편평한 곳으로 이동하는 것이 경제적이다. 최소한 위의 실험 결과들은 우리에게 이런 결론을 보여 준다. 그렇다면 거대한 산이 앞을 가로막고 있으면 어떻게 할까? 돌아가야 할까, 아니면 넘어가야 할까. 정답은 경우에 따라 달라진다. 직선으로 넘어가면 짧지만 힘들고, 돌아가자니 힘은 덜 들겠지만 시간이 많이 걸린다. 이러한 경우 사람들은 일정한 에너지 소비와 소요 시간을 서로 절충해 방법을 찾았던 것으로 보인다. 에너지 소비를 최소화한다는 의미뿐 아니라 시간의 경제성을 생각해야 했기 때문이다.

그러나 선택 기준으로서 공통적인 한 가지 원칙을 찾을 수 있다. 산이 높고 험할수록 돌아가는 쪽을 선택하는 반면, 산의 경사가 급하지 않으면 거리가 짧은 쪽의 길로 이동한다는 것이다. 실제로 이를 증명하기는 쉽지 않다. 다만 오래된 시골길이나 등산로를 보면 이와 같은 유형의 길을 찾아볼 수 있다. 설악산이나 지리산을 오를 때도 처음에는 물길과 계곡을 따라, 또는 칠부 능선을 따라가

다가 오르고자 하는 정상 부근 밑에서부터는 능선으로 오른다. 그리고 오른 능선에서 정상 쪽으로 향하는 길이 만들어져 있다. 설악산과 지리산의 길이 언제부터 그렇게 나 있었는지는 잘 모르겠지만, 분명한 것은 삼국 시대부터 고려, 조선 시대를 거쳐 현재에 이르기까지 많은 사람이 그 길을 따라 걸었을 것이라는 점이다. 분명히 산 위에 자연스럽게 만들어진 길이 시간과 함께 굳어진 데에는 어떤 이유가 있었을 것이다. 아마도 가장 힘이 덜 드는 코스를 택한 때문일 것이라 추측된다.

등산로에 대해 한 학자는 경사도에 따라 조금은 구체적인 공략 방법을 제안하기도 했다. 경사도에 따라 오르는 코스가 달라진다는 것인데, 경사가 23도 또는 그 미만이면 직접 정상으로 가는 길이 유리하지만, 경사가 이보다 급해지면 지그재그로 오르는 것이 유리하다고 했다. 그리고 이때 지그재그 길의 각도도 약 23도가 이상적이라는 것이다.[50] 실제로 알프스나 히말라야 같은 거대한 산에 형성된 길들이 이러한 방식으로 이루어져 있다고 한다.

바지런한 새끼, 느긋한 어미

평소에 어린아이가 많이 움직일까, 아니면 노인들이 많이 움직일까? 너무 빤한 질문인가? 움직임으로 말하자면 아이들을 따라갈 수 없을 것이다. 잠에서 깨면 움직이고, 앉았다가도 꼼지락거리기 일쑤이며, 잠시도 가만히 있지 않는다. 아이들이 잘 움직이지 않고 점잖게 앉아 있으면 애늙은이라고 놀리기 십상이다.

그러나 나이가 들면서 양상은 달라진다. 청소년기를 지나 청년기에 접어들면 태도에 대한 교육 탓인지 움직임이 확실히 줄어든다. 성인이 된 후에도 어린아이처럼 쉴 새 없이 움직이면 산만하다는 소리만 들을 뿐이다. 나이가 들면서 점점 더 움직이지 않는 것은 자의든 타의든 분명한 사실인 것 같다. 사람들에게 물어봐도 그렇다. 어르신들께 "예전보다 더 많이 움직이시나요, 아니면 덜 움직이시나요?" 하고 물으면 그것도 질문이라고 하느냐는 표정과 함께 마뜩치 않게 쳐다볼 것이다.

이러한 활동의 감소를 우리 모두 잘 알고 있지만 왜 이런 현상이 나타나는지에 대해서는 잘 모르는 것 같다. 살아가면서 부닥치는 환경적 요인 때문일까? 아니면 우리도 모르는 그 어떤 생물학적 요인이 우리로 하여금 움직이는 것을 줄이도록 만든 것일까. 사람이 어떤 특정한 나이가 되면 움직임이 격감하는 시기가 있는 것은 아닐까. 이에 대한 해답을 제공하는 사례는 그리 많지 않지만 지금까지 진행된 몇몇 연구들을 살펴보자.

먼저 성인이 되면 정말 움직임이 감소하는지 알아보자. 다 알고 있는 것 아니냐는 주관적 평가가 아니라 객관적이고 과학적인 근거를 제시하면서 말이다. 유럽에서 이루어진 연구를 살펴보면 움직임이 확연히 줄어드는 시기가 따로 있음을 보여 준다. 그 시기는 약 13세에서 18세 사이인 것으로 나타난다. 이는 미국의 연구에서도 비슷한 결과를 보여 주는데, 특히 청년기보다 청소년기에 더 확연하게 나타난다.[51] 이 시기에는 남녀 모두 활동량이 급감한다. 흥미로운 것은 급감하는 이때 남자에 비해 여자의 감소량이 더 두드러진다는 것이고, 특히 감소하는 활동은 보통 강도의 활동이 아니라 과격한 동작이나 활동, 움직임이 감소한다는 것이다. 오히려 규칙적이거나 지속적인 활동에는 큰 차이가 없었다.[52] 그 이유나 원인에 대해서는 아직까지 정확히 밝혀지지 않았다.

사람만 그럴까? 다른 동물들의 경우에도 비슷한 일이 일어나는지 궁금하다. 이번에도 가엾은 동물들을 등장시켜 알아보자. 노인학을 연구하는 데는 실험실에서 사육하는 쥐나 생쥐 같은 설치류만한 것이 없다. 실험실에서 설치류를 선호하는 이유는 간단하다. 일단 이들은 번식력이 강하고 2, 3개월 내에 빨리 성장한다. 노인학뿐 아니라 다른 주제의 연구에서도 이들을 중시하는데, 그 이유는 이들이 포유류 중에서도 3, 4년이라는 비교적 짧은 생애 주기를 가졌기 때문이다. 빨리 자라고 빨리 죽기 때문에 관찰 기간을 최소로 할 수 있으니 얼마나 고마운 일인가.

실험적으로도 이득이 많다. 특정 종의 유전적 기준을 설정할 수 있으며, 인간과 비교해 노화 과정의 다양한 단계에서 유전적 표현형phenotype이 유사하다. 그리고 쥐들을 대상으로 하는 실험 도구와 장비 등이 잘 개발되어 있다. 먹이나 사육장 등의 장비는 물론, 오랜 실험을 통해 사육 노하우도 상당히 축적되어 있다. 오로지 객관적 근거 자료를 확보하기 위한 실험용 쥐들만 관리하는 기술 또한 상당 수준으로 발달해 있다. 실험실의 불쌍한 쥐들⋯⋯. 그러나 만약 이들이 없다면 유전학이나 생물학 외에도 수많은 연구들이 원활하게 진행되지 못했을 것이다.

다시 이야기를 활동량이 감소하는 시기로 되돌려 보자. 실험실에서 사육되는 설치류들도 나이가 들어감에 따라 활동량이 줄어든다는 것은 이미 잘 알려진 사실이다.[53] 얼마나 활동하는가를 평가하는 방식은 다양한데 원칙적으로는 얼마나 돌아다니는가를 평가하게 된다. 쥐나 생쥐가 낯선 곳에 놓이게 되면 그 새로운 환경에서 즉흥적으로 밤사 활동을 펼친다. 그래서 여기저기 돌이디니며 치음 몇 분 동안은 광범위한 활동을 한다. 시간이 지나면서 그 새로운 환경에 익숙해지면 움직임은 점차 줄어든다. 보통 이 동물들을 집어넣은 실험 사육장에는 기초적 장치 외에는 물건이나 실험시설을 설치하지 않는다. 그래서 이렇게 확 트인 공간에서 이루어지는 행동은 종종 '열린공간open field' 행위로 일컬어지며, 이곳에서의 실험은 대개 5~30분 동안 이루어진다. 다른 실험의 유형에서는 일반적인 활동성을 평가하기 위해 우리 안에 다양한 장치를 설치하고 하루 이상 관찰하는 경우도 있다. 시간이 지나면서 동물들은 자신의 새로운 영역에 익숙해지기 때문에 이런 방법을 이용한 측정은 극단적인 동기 요인에 영향을 받지 않고 총체적인 에너지 소비량을 추정하는 데 사용된다.

실험 결과를 보자. 쥐들을 원형 우리 안에 넣고 타원 모양의 달리기 장치를 설치해 주었다. 달리기 장치 아래에는 전기 감지 장치를 설치해 쥐가 달리기 장치를 이용해 달릴 때마다 전기식으로 기록되도록 했다. 이 실험의 결과는 두 가지 중요한 포인트를 분명히 짚어 주었다. 먼저 탐색 활동은 나이가 들면서 줄어든다는 것이다. 완전히 성숙한 6개월에서 32개월의 노쇠한 쥐가 될 때까지 활동량은 약 50퍼센트까지 감소하는 것으로 나타났다. 두 번째는 같은 종의 쥐라고 하더라도 각각의 개체 간에는 상당한 차이를 보인다는 것이다. 경우에 따라 30개월이 넘은 쥐의 활동이 15개월 된 쥐의 활동량과 비슷하게 나타나기도 했다. 이러한 현상은 노인층 연구에서도 자주 나타난다. 혹시 유전적 차이는 아닐까? 꼭 그렇지만은 않은 것 같다. 왜냐하면 실험에 이용한 쥐들은 동종교배에 의한 쥐들이기 때문에 유전적으로 동질이다. 오히려 그 차이가 환경에 의해 결정되는 것으로 보인다.

그렇다면 쥐만 그럴까? 연령 증가에 따른 활동량의 감소는 다른 종에서도 흔히 볼 수 있는 현상이다. 심지어 무척추동물에서도 그 예를 찾아볼 수 있다. 예를 들어 생애 주기가 한 달 정도에 불과한, 땅속에 사는 지렁이인 선충nematode도 같은 양상을 보여 준다. 지렁이의 활동량은 어떻게 측정할까. 지렁이의 활동량은 긴 몸체의 각 분절을 조금씩 파장 운동하는 것으로 측정하게 된다. 즉 몸체가 1분낭 몇 번 정도 파장 운동을 하는지 현미경으로 관찰한 다음 활동량을 추정하는 것이다. 이러한 방법을 통해 알아본 결과, 지렁이의 몸체 파장 운동은 연령이 증가할수록 감소하는 것으로 나타났다. 사람과 유사한 동물에서도 나타난다. 리서스 원숭이rhesus monkeys들의 생애 주기는 약 40년에 이르는데 사육장에서 관찰한 결과, 8~11세의 원숭이들부터 활동량이 감소하는 것으로 조사되었다.[54]

다른 연구에서도 이러한 결과를 볼 수 있다. 동물원에서 세 종류의 원숭이가 서기, 점핑하기 등을 통해 보여 준 활동량의 변화를 기록했더니 이들 역시 연령의 증가가 활동량의 감소로 이어졌다. 실험실 쥐들에 비해 다른 종에 대한 연구는 아직 상당히 미미한 수준이다. 그러나 다른 종에서도 연령이 높아짐에 따라 활동량이 감소한다는 사실은 분명하게 확인할 수 있으며, 이를 통해 일반화가 가능해 보인다.

그렇다면 연령에 따른 활동량의 감소는 왜 나타나는 것일까?

지금까지 알려진 동물과 인간의 나이에 따른 신체 활동의 감소와 그 감소가 엇비슷한 생애 주기에서 나타난다는 실험 결과들은, 이러한 감소가 일부분 생물학적 원인에 근거한다는 해석을 가능하게 한다. 그리고 다양한 동물들에게서 공통으로 나타난다는 것은 분자 수준에서 생리적 수준에 이르기까지 다양한 원인이 존재할 수 있다는 뜻이 된다. 세포의 미토콘드리아 수준에서 순환계와 근육 신경 분포의 변형까지 말이다. 이 모든 요인들은 동물들의 움직이는 능력에 영향을 줄 것이다.

여기에서 도파민 신경전달물질계dopaminergic neurotransmitter system 가 참여하고 있지 않은지 생각해 볼 필요가 있다. 아직 확실하지는 않지만 현재까지 제시된 생물학적 원인으로는, 뇌의 일정 부위에 작용하며 이동locomotion 욕구와 관계가 있는 도파민dopamine, 뇌에서 분비되는 신경전달물질이 거론되고 있다. 도파민 분비의 감소나 도파민 수용체가 손상됨으로써 연령에 따른 활동량 감소가 나타날 수 있다는 것이다. 물론 생물학적 요인에 의해 활동량이 결정될 수 있다고 하더라도 비생물학적 요인, 예를 들면 심리적, 사회적, 물리적 환경 등과 신체 활동의 상관 관계에 대해서도 전혀 배제할 수는 없다.

많은 문화권에서 특히 동양권에서는 더욱 두드러지는, 어르신은 점잖고 여유로워야 하며 게다가 옷도 단정하게 입어야 한다는 고정관념이 뿌리 깊다. 움직임도 천천히 여유 있게 움직여야지, 너무 바지런하면 촐싹거리고 경망스럽다는 평가를 받는다. 이런 어르신들의 움직임은 나이가 많아지면서 인덕이 높아져서일까, 아니면 노쇠한 탓일까? 가장 좋은 대답을 스스로 고민해 보자.

노화에 따른 활동성 둔화

부엌의 싱크대 밑이나 지하의 습한 창고들처럼 먹을 것이 좀 있겠다 싶은 장소에는 영락없이 바퀴벌레가 인간과 함께 도시 생활을 즐기고 있다. 사람마다 바퀴벌레에 대한 인식은 조금씩 다르다. 반응 유형을 한번 살펴보면, 순간적으로 징그러움과 놀라움을 금치 못해서 소리까지 '꺅' 지르는 경악형, 순간적인 등장임에도 불구하고 뭐가 지나쳤나 하는 방임형, '저걸 잡아야 하는데……' 하며 적극적으로 모기약이나 내리칠 물건을 찾아드는 박멸형, 자기는 무작정 도망치고 다른 누군가가 와서 바퀴벌레를 없애 주기를 바라거나, 다시는 이런 이상한 동물이 등장하지 않도록 조치를 취해 주기 바라는 읍소형 등이 있다.

바퀴벌레는 이렇게 사람의 성격까지 노출시켜 주는 참으로 고마운 동물이다. 이 곤충의 장점은 한 가지 더 있다. 우리가 일상적으로 보는 이 바퀴벌레가 동물의 노화 과정, 특히 사람의 노화 과정에 대한 과학적 지식을 보태 주는 것이다. 노화 과정에서 일어나는 사회적·심리적 변화는 일단 제쳐 놓더라도 사람의 노화란 다양한 생물학적 변화로 나타난다. 그런데 나이가 들어감에 따라 사람의 행동이 느려지고 부정확해지는 것이 단순히 근육과 관절의 노화라는 기계적 문제 때문일까? 아니면 오랫동안 혹사당해서 이제는 완전히 고물이 되어 버린 뇌의 한 부분 때문일까?

이런 문제를 풀기 위해 고민할 때 바퀴벌레는 상당히 좋은 실험 대상 동물이다. 곤충의 기준으로 보자면 덩치가 상당히 큰 축에 속하고, 그래서 이들의 신경계를 연구하기가 상대적으로 쉽다. 보살피는 데도 그리 큰 투자 없이 신경을 많이 쓰지 않아도 된다. 보통의 플라스틱 휴지통 속에 넣고 미끄러져서 기어 나오지 못하도록 휴지통 윗부분 모서리에 바셀린을 듬뿍 발라 주고, 가끔 굶어죽지 않게 생각날 때마다 먹이나 하나씩 던져 주면 저절로 잘 자란다. 관리하는 사람도 아주 단순하고 간단하게 임무를 완수할 수 있다.

바퀴벌레가 실험 대상으로 이용되는 이유는 이들이 오랫동안 살아남았기 때문이다. 지금까지 살아남을 수 있었다는 것은 어떻게든 살아남고자 생존 전략을 발전시켰고, 환경에 적응했다는 얘기가 된다. 바퀴벌레는 지구에서 약 3억 년 동안 존재해 온 것으로 알려졌는데, 이들은 인간보다 지구에 먼저 온 선배 동물인 셈이다. 이 큰 덩치로 살아남을 수 있었던 가장 중요한 이들만의 무기는 재빨리 줄행랑을 치는 것이었다. 위험이 닥치면 바로 도망갈 수 있는 능력 때문이었다. 이 녀석들은 아무리 빨리 도망치려 해도 시속 5킬로미터의 속도밖에 내지 못하지만 인간들의 안락한 집안에서 도망가기란 누워서 떡 먹기일 수 있다. 그래서 이들의 신경 구조와 신경 연결 능력을 연구하는 것은 매우 흥미롭다.

시카고 일리노이 대학의 신경생물학자인 코머COMER 교수는 바퀴벌레의 도망 행위를 연구했다.[55] 바퀴벌레가 위험으로부터 도망치는 행위는 방향을 돌려 도망가는 유형인데, 순간적으로 위험 요소로부터 멀어지는 방법이다. 바퀴벌레는 바람의 움직임, 촉각, 시각을 이용하여 외부의 정보를 수집한다. 자신의 등 뒤에서 조금이라도 바람의 움직임을 감지하면 약 0.05초 이내에 순간적으로 도망친다. 만약 바퀴벌레의 더듬이를 살짝이라도 건드리면 돌아서 도망가는 데 0.15초에서 0.2초 정도밖에 걸리지 않는다. 사람이 눈 깜짝하는 시간보다 더 빠른 순간일 수 있다. 사람이 외부에서 들어오는 자극을 해석하고 그 자극에 내해 직접하게 반응히는 데 약 0.2초 걸리는 것에 비하면 무척 빠른 반응이다. 그러니까 부엌의 싱크대 문을 열고 바퀴벌레를 발견하는 순간 그냥 쳐다만 볼 수밖에 없는 것이 자연이 준 현실이다. 이미 도망가는 바퀴벌레가 '안녕~!' 하는 동안 우리는 앞에서 소개한 바퀴벌레에 대한 반응의 네 유형 중 하나가 되는 것이다.

바퀴벌레도 늙는다. 우리를 경악하게 만드는 이 희한한 곤충도 다른 모든 동물들이 그러하듯 늙고, 병들고, 그러다 결국 죽는다. 늙는다는 것은 이미 우리가 상상할 수 있는 것처럼 여러 방면에서 그 기능을 상실하거나 둔화된다는 것을 의미한다. 모든 동물은 늙어가면서 생리적이든 행위적이든 변화를 겪는다. 생리적인 변화로 신경계와 근골격계가 영향을 받고, 이 때문에 걸음걸이나 이동 능력이 떨어지거나 제약을 받는다.

신경계의 쇠퇴란 무엇인가. 포유류를 기준으로 해서 중추신경계와 말초신경계로 나누어 설명하면, 중추신경계의 쇠퇴는 대뇌피질cortex과 소뇌cerebellum에서 신경neuron과 신경전달물질neurotransmitter을 잃어버리는 것을 의미한다. 우리 뇌에서 정보를 비교하고, 해석하고, 궁극적으로 어떻게 해야 하는지에 대한 대응책을 강구하는 능력이 감소한다는 뜻이다. 말초신경계의 쇠퇴는 자세를 바로잡는 데 필요한 네 다리로부터의 정보가 예전 같지 않다는 뜻이다. 예를 들어 말초신경계가 쇠퇴하면 네 다리의 피부 떨림을 감지하거나 반사작용의 시간이 늦어진다.

근골격계의 쇠퇴란 근육의 무게가 감소하고 약해지는 것을 말한다. 이는 신경계의 쇠퇴와는 별개이다. 근육이 약해진다는 것은 근육을 구성하고 있는 액틴과 미오신의 슬라이딩 속도가 떨어진다는 것이다. 노화는 근섬유의 수를 감소시키기도 하며 관절과 인대가 뻣뻣해지는 결과를 가져와 관절이 움직일 수 있는 범위가 줄거나 제한받게 된다. 그런데 이러한 신경계와 근골격계의 쇠퇴에 대한 실험을 위해 직접적으로 사람을 이용하기는 어렵다. 비밀을 풀기 위해서는 불쌍한 실험실의 곤충들을 대상으로 실험할 수밖에 없다.

먼저 바퀴벌레를 투명한 바닥 위를 걷게 한 다음 고속 비디오 영상으로 바퀴벌레의 움직임을 촬영했다.[56] 이 실험에서 생후 60주가 된 바퀴벌레는 걷는 동안 앞발이 중간다리에 걸리는가 하면, 45도 각도의 경사면을 오를 때는 미끄러지기까지 했다. 도망 행위에서도 마찬가지의 노화 현상이 나타났다. 늙어갈수록 바퀴벌레는 바람이나 촉각의 자극에 대해 늦은 반응을 보였으며, 심지어 어떤 때는 달리고 어떤 때는 그냥 서 있기도 했다. 이 실험에서 학자들은 노화가 중추신경계와 말초신경계의 변화에서 비롯되었음을 언급했다. 그렇지만 인간의 경우 노인들이 걷는 데 문제가 발생하는 것은 단순히 한두 가지 원인 때문이 아니라 다양한 원인에 의한 복합적인 문제로 봐야 한다고 강조한다.

여기에서 잠깐! 시속 5킬로미터가 조금 안 되는 속도로 움직이는 바퀴벌레가 어떻게 사람을 피해 도망갈 수 있을까? 바로 미관味官, cerci; 미각기 위의 아주 작은 털이 공기의 움직임을 감지하기 때문이다. 공기는 항상 움직이는 것이지만 정상적이고 자연적으로 발생한 바람과는 달리 이 털은 낮은 주파수의 바람을 감지한다고 한다. 그래서 의심스러운 바람이 분다고 감지되면 바로 내달리는 것이다. 이상한 조짐이 느껴지는 바람의 반대 방향으로 몸을 틀어 달리는 것이다. 그렇다면 우리는 이것을 역이용해 볼까? 이론상으로는 진공청소기의 노즐을 바퀴벌레 쪽으로 하면, 바퀴벌레는 바람의 흡입을 감지하고 노즐의 반대쪽에서 바람이 부는 것으로 착각한다. 그리고 노즐 쪽으로 질주하게 된다. 이후 상황은 책을 읽는 독자 여러분의 몫으로 남겨 둔다.

5부 | 환경에 적응하는 동물들

　동물들은 더위를 어떻게 피할까? 사람이야 여름휴가도 가고, 평상 위에서 찬물에 발 담그고 시원한 수박도 맛보고, 살얼음이 시원한 팥빙수라도 사 먹을 수 있지 않은가. 추위 반응과 다르게 더위에 대한 반응에서는 동물과 인간의 전세가 역전된다. 털이 없는 사람들이 추위에 맥을 못 춘다면, 털 많은 대부분의 동물은 더위가 취약이다.

동물의 일주기와 시차 변동

　모든 동물은 잠을 잔다. 물고기도 자고, 박쥐도 자고, 부엉이도 자고, 사람도 잔다. 생물학적 측면에서 잠이 동물에게 얼마나 중요한지는 일단 제쳐 두고, 먼저 잠이란 동물에게 휴식의 의미이다. 휴식이 없다면 동물들은 활기찬 다음 활동을 할 수 없을 것이다.

　초등학교와 중학교 시절 하굣길에서 나는 10원짜리 병아리를 자주 사곤 했다. 병아리는 신문지로 만든 봉투에 담아지기도 했고, 병아리 수가 많을 때는 아저씨가 파란색의 피로회복제 상자에 담아 주기도 했다. 친구들은 대부분 병아리를 사서 일주일 내에 죽이기 일쑤였지만 나는 그렇지 않았다. 수년 간 병아리를 기른 노하우가 있었기 때문이다. 별것 아닐 수도 있지만 병아리를 살리는 데 가장 중요한, 그러나 최소한의 조건 하나를 알고 있었다. 바로 따스함이다.

부화장에서 태어나 아이들 손에 팔려 결국 죽는 병아리들을 보면 그 유형도 다양하다. 하도 주물럭대서 손을 타서 죽거나, 예쁘다고 같이 자다가 잠자리에서 깔려 죽거나, 또는 이리저리 던져져서 뇌진탕으로 죽거나, 먹이를 제대로 챙겨 주지 못해 죽는 경우까지……. 그런데 병아리 죽은 이야기를 들어보면 아이들이나, 심지어 그 엄마들까지 대충 공통적인 표현을 한다. 병아리들이 비실거리다가 죽었다는 것이다. 또는 원래 팔 때부터 병든 병아리만 판다는 말도 한다. 물론 그럴 수도 있겠지만 최소한 내가 아는 한 그렇지 않다. 병아리들이 비실거린다고 느껴지는 것은 병아리들이 잠을 많이 자기 때문이고, 그래서 몸을 따스하게 해 주는 것이 중요하다. 병아리들이 살아가는 가장 중요한 최소한의 그 한 가지 조건만 맞춰 주면 한 마리도 죽이지 않고 살릴 수 있었던 것이다.

보통 집으로 가져온 병아리는 바로 라면 박스로 옮겨진다. 그리고 상자의 한쪽 벽에 높이 약 7~10센티미디 정도 위치에 구멍을 뚫고, 60촉 백열전구 하나를 고정해서 켜 준다. 물과 먹이인 좁쌀을 작은 그릇에 담아 넣어 주고 상자 뚜껑을 세워 높이를 높게 한 뒤 그 위에 모기장 조각을 덮어 튀어나오는 것을 막아 주면 끝이다. 간이로 어설프게 만든 병아리 집에서 병아리들은 백열전구 밑에서 자고, 놀고, 쫑쫑거리며 행복해 한다. 하루하루 지나면서 노란 색깔의 털이 날개 끝부터 하얀 깃털로 바뀌기 시작할 때까지 우리집 전기계량기의 디스크는 계속 돌아갔다. 그리고 영계가 되면 옥상에 튼튼하게 잘 만들어진 닭장으로 옮겨진다. 해마다 이 닭장에는 기수별로 영계들이 입성했는데 내 기억에 잡아먹을 때까지(나는 이 닭들이 식탁에 올라와도 맛있게 먹지는 않았다.) 사 온 병아리가 죽은 경우는 거의 없었던 것으로 기억한다.

3층 양옥집 옥상에서 닭을 기르다 보니 참으로 재미있는 추억들이 많다. 그 중 하나가 닭을 속이는 놀이다. 누가 닭대가리라고 말했던가. 최소한 어린 나에게 그 닭들은 정말로 닭대가리였다. 새벽녘이나 저녁때쯤 손전등을 들고 가만히 올라가 횃대에 앉아서 졸고 있는 닭 얼굴에 빛을 비추고 내가 먼저 '꼬끼오!' 하고 운다. 그러면 닭들은 허둥지둥 게슴츠레 눈을 뜨고는 덩달아 '꼬끼오!' 하고 따라서 우는 것이다. 먼저 선수를 빼앗겼다는 손상된 자존심과 더불어 덜 깬 잠에서 오는 초점 잃은 눈매의 표정을 지금도 잊을 수 없다.

잠이란 휴식을 위해 존재하며, 휴식은 우리 몸에서 주기적이고 규칙적으로 실행된다. 거꾸로 휴식이 끝난 후에는 다시 활동이 주기적이고 규칙적으로 실행된다. 우리는 이것을 '주기'라고 하며 하루마다 반복되는 주기를 '일주기'라고 한다. 자연은 동물들이 몸 내부에서부터 일주기성을 갖는 것을 선호했나 보다. 내부 조절의 주기성이란 몸의 외부에서 무엇이 어떻게 되어가고 있다는 것을 알려 주는 단서가 존재하지 않더라도 모든 생물의 내적인 주기가 지구의 자전주기와 유사하게 일치하도록 하는 것을 말한다.

사람을 창밖의 밝고 어두움, 텔레비전, 신문, 시계, 친구 전화, 인터넷 등등 시간을 알려줄 수 있는 모든 외부의 환경적 단서를 차단하고 마음대로 먹고, 싸고, 잘 수 있는 밀폐된 공간에 집어넣는다. 그리고 불은 환하게 밝혀 놓고 시간의 경과를 선혀 알아챌 수 없게 한다. 잠이 와서 졸리거나 배가 고프거나 하는 기본적인 사람의 욕구에 대해 어떤 시간의 단서에도 의존하지 않도록 하는 것이다. 그렇다면 우리의 수면욕이나 식욕, 심박수는 어떻게 될까? 실험에 따르면 보통의 경우와 마찬가지로 시간의 단서 없이도 생물학적 몸 안의 조절 기능들이 주기성을 유지한다. 일주기성은 식물, 벌레, 포유류는 물론이고 원핵생물prokaryote에서도 약 24시간을 주기로 존재한다. 이 주기성은 상당히 안정적으로 운영되며, 종 내에서도 개체 간의 차이가 거의 보이지 않을 정도로 일관성이 있다.

사람의 일주기는 연구에 따라 일정한 수준을 보이지 않는다. 이는 13시간에서 65시간까지의 변화를 보이는 것으로 연구됐으며, 성인은 리듬을 제약하지 않고 자유롭게 놔두면 일주기는 약 25시간으로 유지되는 것으로 나타났다.[57] 이때 일주기를 확인하는 방법은 인체에서 분비하는 멜라토닌melatonin이나 코르티솔cortisol 수치를 확인하거나, 심부 온도의 변화로 알 수 있다. 사람의 약 25시간

일주기는 다른 동물과도 유사한 것으로 보인다.

그런데 왜 사람의 일주기는 24시간이 아닐까. 지구의 자전에 의해 하루의 시간을 24시간으로 규정했다면 일주기를 24시간에 맞추면 일상생활에 더 유리하지 않을까? 대답은 그렇지 않다. 왜냐하면 지구이기 때문이다. 지구는 둥글고, 둥근 지구는 위치에 따라 밤이기도 하고, 낮이기도 하기 때문이다. 사람을 비롯하여 모든 이동하는 동물은 시간의 차이를 극복해야 하고, 시간의 차이를 극복할 때 일주기가 24시간에서 어긋나야 일주기를 미루거나 당길 수 있기 때문이다. 만약 사람의 일주기가 정확하게 24시간이라면, 그리고 그 상태에서 시차가 다른 지역으로 이동한다면 우리는 원래 가지고 있던 24시간의 주기는 새로운 장소에 적합하도록 바뀔 수 있을까. 만약 우리가 24시간을 고집한다면 새로운 곳에서의 적응이 쉽지 않을 것이다. 반대로 24시간과 다른 일주기를 가지고 있으면 우리의 시차 적응은 훨씬 수월할 수 있기 때문이다. 인간의 일주기는 이동하기도 하지만 그 일주기 시간이 변하기도 한다. 대표적으로 나이가 들면서 주기 시간이 짧아진다. 나이 든 사람이 아침 일찍 일어나는 것은 잠이 줄어든 이유도 있지만 일주기가 이동하여 빠른 주기로 조정된 이유도 있다.

지구상의 동물들, 특히 포유류에게서 일주기성은 지구의 자전 또는 태양이 뜨고 지는 시간과 비슷하게 맞춰진다. 일주기가 태양

빛이 비추는 주기와 비슷하다면, 이는 바로 빛이 일주기를 구성하고 운영하게 한다는 소리다. 지금까지 밝혀진 연구 결과에 따르면 일주기에 영향을 주는 가장 강한 자극은 빛으로 여겨지고 있다. 물론 빛 외에도 다른 많은 환경적 요인들이 일주기를 조정하기도 한다. 예를 들어 빛이 아닌 자극nonphotic stimuli은 설치류의 주기를 교정하는 것으로 보이며, 사람을 제외한 포유류와 새들은 냄새나 소리 같은 감각 정보를 이용한 통신수단도 일주기를 변화시키는 것으로 알려졌다.[58]

여기에서 소리 자극에 대해 잠깐 이야기해 보면, 특히 조류와 영장류는 생물학적인 시계가 청각 자극에 민감하다고 한다. 예를 들어 검은방울새siskins, 카나리아serins, 집참새sparrows에게 같은 동물의 목소리를 날마다 같은 시간에 틀어 주거나, 집에서 키우는 닭에게 같은 닭의 울음소리를 주기적으로 들려주면 이 모든 자극이 일주기를 교정한다는 것이다. 여기에서 교정이란 일주기 리듬의 시간적 주기성이 앞으로 당겨지거나 뒤로 밀리는 것을 의미한다. 같은 동종의 목소리뿐 아니라 다른 부류의 소리, 또는 청각 자극을 부여해도 일주기가 변동할 수 있다고 한다. 피리새finches나 참새는 동종의 목소리가 아닌 벨소리나 새장의 덜컥거림과 같은 청각 자극만 주어도 일주기 활동주기가 교정된다. 또한 다람쥐원숭이squirrel monkey나 명주원숭이marmoset는 동종의 청각 자극을 계속 주면 일주기 리듬이 교정된다. 그렇다면 인간의 생물학적 시계는 이런 동물의 유형처럼 청각 자극에 민감할까? 최소한 한 연구 결과에 따르면 그렇다.[59] 새벽 1시에서 3시까지 두 시간 동안 4일 연속 청각 자극을 주었더니 4일 후부터 일주기가 뒤로 밀리는 결과를 보여 줬다. 일주기가 뒤로 밀린다는 뜻은 실험에 참여하기 전보다 늦은 시간까지 깨어 있다가 아침 늦게까지 잠을 자는 행동을 의미한다.

사람이 빛에 의해서 일주기가 정해지는 것뿐 아니라 청각에 의해서도 일주기가 조정된다는 것에는 상당한 의미가 있다. 단지 근무시간의 변화에 따라 나타나는 시차 적응에 형광등 밝기의 변화뿐 아니라 소리도 시차를 변동시키는 자극제로 사용할 수 있다는 것이다. 빛과 소리가 일주기 변동의 자극으로 사용된다면 그중 하나를 잃어버리면 그만큼 일주기 적응이 보통 사람들과 다를 수 있다는 가정이 성립된다. 예를 들어 청력을 잃은 어린이는 정상적인 어린이보다 일주기 리듬 장애를 더욱 크게 나타낸다.[60] 시차 적응에 청각 자극을 사용하는 것과 같은 방식은 인간생활의 다양한 부분에 적용 가능할 것으로 보인다. 적절한 시간에, 또는 적절한 양의 빛을 이용할 수 없는 경우에 청각을 자극함으로써 시차 적응을 할 수 있도록 하는 것이다. 예를 들어 지구 반대쪽에 있는 나라로 여행을 갈 때, 시차 적응의 한 방법으로 사용 가능할 것이며, 시각 장애를 가지고 있거나 시차에 따른 수면 장애를 겪는 사람에게 유용하게 사용될 수 있을 것이다.

빛, 소리 외에 또 한 가지 중요한 일주기 변동 요인은 바로 운동이다. 동물이나 사람을 대상으로 한 실험을 보면 신체활동이나 운동이 일주기 시간에 근본적인 영향을 미치기도 한다. 특히 설치류에서 이러한 변동이 잘 관찰되는데, 설치류의 신체활동과 빛에 의한 주기의 이동은 서로 다른 신경해부학적 경로를 통해 이루어지는 것으로 보인다. 예를 들어 초저녁에 빛이 강렬하게 비치면 주기가 뒤로 밀리고, 늦은 새벽에 비치면 주기가 앞당겨진다.[61] 이와는 반대로 대낮이나 초저녁에 신체 활동이 이루어지면 주기가 앞으로 당겨지고 한밤이나 새벽에 이루어지면 주기가 뒤로 밀리는 일이 발생된다.[62] 사람도 마찬가지이다. 새벽운동은 인간의 일주기를 뒤로 밀리게 하고, 밤운동은 저녁잠을 쫓고 새벽잠을 길게 한다. 아침운동은 아침잠을 쫓고 저녁잠을 당긴다.

항온동물의 추위 적응

태양과 지구환경은 날씨와 기후를 만들고, 날씨와 기후는 지구에 사는 동물을 만들었다. 여기에서 만들었다는 의미는 날씨와 기온에 의해 동물들이 다른 특성을 보이며 진화, 적응하고 발달했다는 뜻이다. 어떤 동물은 온도 변화를 그대로 받아들인 반면, 어떤 동물은 온도 변화를 용납하지 않았다. 온도 변화를 몸으로 받아들였든 그렇지 않았든 공통적인 것은 분명히 온도 변화에 따라 그들이 반응했다는 점이다. 체온이라는 측면에서 보자면 변온동물이나 항온동물 모두 변화하는 온도에 대비한 기능 유지를 목표로 한다. 그리고 그 기능을 유지하기 위해 온도 변화에 대응하는 특별한 메커니즘을 발달시켜 온 것이다. 먼저 추위라는 낮은 기온의 영향에 대한 동물들의 적응 방식을 알아보자. 여기에서는 항온동물만을 소개하도록 한다.

항온동물은 추위를 어떻게 받아들일까? 추위는 추우니까 아마 우리가 느끼는 것과 별반 다르지 않을 것이다. 그러나 이들에게는 사람과 다른 몇 가지 유용한 방법들이 있어 보인다. 찬바람 부는 날에는 털을 부풀려 보온을 하거나, 혹시 바람을 피할 만한 굴이 있다면 굴속으로 들어갈 것이다. 북극처럼 굴이나 나무도 없는 허허벌판 눈밭 위라면 피부와 모피를 두텁게 할 것이다. 또 피부 바로 밑에 지방의 축적을 늘려 단열층을 두껍게 할 것이다. 지방으로 이루어진 단열층은 체온 손실을 막는 가장 효율적인 방법이니 말이다. 북극여우Alopex lagopus의 계절별 단열층의 변화는 생물학자들에게는 잘 알려진 추위 적응 사례이다. 이들의 1년 주기 단열층 변화율은 200퍼센트에 달하는 것으로 알려져 있다. 지방 단열층뿐 아니라 여름에는 먹잇감에 몰래 접근하기 쉽게 털이 회색이나 청색으로 변한다. 계절에 따라, 환경에 따라 다르게 적응하는 양상을 보여 준다. 추위 적응은 동물의 체구와도 관련이 있다. 큰 동물들은 체중당 체표면적이 작아서 상대적으로 열을 빼앗기는 비율이 낮다. 그래서 추운 지역 항온동물들의 적응 방법 중 하나는 체구를 키우고 모피를 두텁게 유지하는 것이다.

추위 적응에서 빼놓을 수 없는 주제 중 하나가 바로 지방이다. 요즘 젊은 여성들이 기겁하는, 심지어 초등학생들까지도 걱정하는 바로 그 지방이다. 그러나 추위 앞에서는 지방이 금값이다. 지방이 추위 속에서 가치를 인정받는 이유는 열전도성이 낮기 때문이다. 공기와 같이 열이 쉽게 통과하지 못한다는 뜻이다. 지방은 물도 함유하고 있지 않고, 대사적으로는 비활성적이라 혈액 공급도 거의 필요 없다. 혈액 공급이 필요 없으니 추위를 막는 단열재로는 동물의 조직 중에서 최고다. 고래cetaceans는 두꺼운 지방층blubber이 있어 북극의 찬 수온을 막는 역할을 한다. 그러나 동물에 따라 지방층에 의한 단열 분포에는 차이가 있다. 물개는 피부 아래에 지방을 축적하지만, 바다수달sea otter은 피부 아래에 전혀 저장하지 않는다. 대부분의 포유류가 서혜부inguinal, 하복부 성기 주위에 지방을 두껍게 저장하는 데 비해 주머니쥐opossum는 서혜부에 지방을 축적하지 않는다.

북극에 사는 포유류 동물들의 지방층은 단열층뿐 아니라 다른 기능도 수행한다. 바로 에너지원을 저장하는 기능이다. 그렇다면 지방은 에너지원으로 얼마나 중요하게 쓰일까? 지방층이 어떤 기능을 하는지 정확히 알 수는 없지만, 곰을 살펴보면 지방의 축적과 그 사용을 알 수 있다. 가을이 오면 곰들은 최소한 자기 평균 체중의 27퍼센트 이상까지 체중을 증가시킨다. 겨울잠을 자기 직전의 곰에게 어느 정도의 지방이 있는지 측정하였더니 체중의 40퍼센트가 지방이었다는 연구 자료도 있다. 흑곰은 겨울잠을 자는 동안 동면 직전 체중의 약 15~20퍼센트를 잃는다. 체중 감소의 원인은 자는 동안 대사작용에 필요한 에너지원으로 지방이 쓰였기 때문이다. 체중이 줄어든 원인 중 지방을 에너지원으로 사용한 것 외에 수분 손실도 포함된다.[63]

여기에서 북극곰의 식사 방식을 살펴보자. 이들은 지방만을 고집한다. 북극의 얼음 위에 사는 북극곰은 물개를 잡으면 지방과 약간의 피부만을 먹은 후에 나머지 부분은 버린다. 북극곰의 이러한 식습관은 다른 포유류와 비교해도 상당히 유별난 편식이다. 고기만 먹고 지방은 거의 버려 지방을 적게 섭취하고 탄수화물을 많이 섭취하는 인간과 비교하면 그 차이는 더욱 분명해진다. 이렇듯 문제가 많아 보이는 식습관을 갖고 있음에도 불구하고 생리 조절 면에서는 아무런 문제도 보이지 않는다. 꾸준히 지방만을 먹은 북극곰과 약 4개월 정도 굶은 북극곰을 비교한 연구에서 지방만 먹은

곰의 혈중 지질lipid이 엄청나게 높게 나타났다. 그 혈중 지질의 수치는 개와 토끼 등 다른 동물에게는 치명적일 수 있을 정도였다고 한다. 그렇지만 그런 높은 수치를 가지고도 곰들이 살아가는 데는 아무런 문제가 없었다. 오히려 이렇게 먹어서 북극의 혹한에서 살아남을 수 있었던 것은 아닐까 싶다.

동물을 바꾸어 땅 위에 사는 항온동물들은 추위를 어떻게 견딜까? 물론 종마다 조금씩 다르지만 원칙적으로 항온동물의 체열 생산은 두 종류로 구분된다. 필수체열생산obligatory thermogenesis과 조절체열생산regulatory thermogenesis: 추위와 같은 요인으로 인해 추가적으로 생산되는 열이다. 두 유형의 체열 생산 모두 추위 적응과 계절 순응에 의해 영향을 받는다.[64]

새들은 계절적으로 추위에 적응하지만 계절이 변한다고 기초대사량이 변하지는 않는다. 기초대사량이 변한다고 해도 그 수치는 미미한 수준이다. 몸집이 작은 새들은 바다 포유류와 같이 지방층을 두껍게 늘려 추위에 적응하지 않는다. 대신 대사적으로 적응하여 추운 겨울 동안 최고치대사량summit (peak) metabolism을 증가시킨다. 이로써 추위에 순응하는 정도에 따라 대사량을 증가시키고 추위에 대한 내성도 키운다. 대부분의 성장한 새들은 추위에 견디기 위해 열 생산을 증가시키려고 떤다. 새들이 떨다니, 우습지 않은가? 새들은 갈색지방brown adipose tissue: BAT, 자체적으로 열생산 기능을 갖는 갈색을 띠는 지방을 가지고 있지 않기 때문에 노르에피네프린 norepinephrine, 지방세포 분해 기능을 가진 지방에 대한 체열 반응이 없다. 오히려 새들의 핑크지방pink adipose tissue, 빠른 열생산 기능을 가진 지방은 지질을 빠르게 저장하고 이용하도록 전문화되어 있다.

유대류marsupials, 태반이 완전하지 않은 포유류와 난공류monotremes, 알을 낳는 난생포유류는 어떨까? 이들의 기초대사량은 태반포유류placental mammal, 태반이 완전한 포유류에 비해 낮지만 분명히 이들도 항온동물이며, 대사 확장 범위는 오히려 태반포유류보다 높다. 단공류의 추위 적응에 대한 연구는 아직까지 자료가 없다. 유대류의 추위 적응은 비록 최고치대사량을 증가시키지 않지만, 열생산을 증가시켜 추위에 대한 내성을 키운다. 유대류와 단공류는 갈색지방을 갖고 있지 않으며, 이들에게 비오한성 체열생산non-shivering thermogenesis, 떨지 않으면서 열을 생산하는 방식이 존재하는지 여부는 학계에서 아직 논쟁중이다. 그렇다면 태반포유류는 어떨까? 대부분의 작은 포유류들은 추위 적응과 계절 순응을 통해 필수체열생산과 최고치대사량을 증가시키는 것으로 보인다. 이러한 변화는 산화효소를 증가시키는데 이는 떨기를 통해 열을 생산하는 데 도움을 준다.

추운 지방의 동물들은 먹잇감을 찾기 위해 이동하기도 하지만 동시에 항상 자신을 위협하는 포식자를 피해 다닌다. 그래서 먹잇감을 구하는 행위이든 포식자로부터 도망치는 행위이든 걷거나 달리기를 통해 항상 이동해야 한다. 그래서 육상동물들의 다리는 효율적인 이동을 위해서 두껍지 않고 얇다. 이 효율성을 위한 다리 모양새는 추위에서 단열층을 두껍게 형성할 수 없는 원인이 된다. 다리 쪽으로 필요한 혈액이 공급되어야 하기 때문에 다리 부위는 몸에서 열 손실이 가장 많이, 그리고 가장 빠르게 일어나는 장소가 된다.

그러면 동물들은 얇은 다리를 통한 열 손실을 최소화하고자 어떠한 메커니즘을 발달시켰을까? 바로 역열류교환counter-current heat exchange이다. 고래류cetaceans나 물개의 꼬리나 물갈퀴, 또는 물에 다리를 담그고 돌아다니는 새들, 북극늑대, 순록, 그리고 추운 지방에 사는 항온동물들에게서 발견되는 체내의 열교환 및 열보존 시스템이다. 그 방법은 이렇다. 몸 가운데에서 동맥을 통해 뜨거운 혈액이 온몸으로 퍼져나가게 되는데, 이 동맥은 말초 부위를 돌아 되돌아오는 혈액을 통과시키는 정맥혈관 바로 옆에 있다 동맥과 정맥이 서로 가깝게 위치한 상태에서 따스한 동맥혈액과 차가운 정맥혈액이 서로 스쳐 지나면서 동맥혈액의 따스함이 정맥혈액의 차가움에 열을 전해 주게 된다. 이런 과정을 통해 몸 중심으로 들어오는 피는 점점 따뜻하게 데워지고, 말초로 나가는 피는 점점 차가워지는 것이다. 그리고 이를 통해 동맥혈액의 따뜻함을 보존하게 된다.

고등동물로서 돌고래porpoise는 자신의 지느러미에 역열류교환 기능을 보유하고 있는 예를 보여 준다. 새와 북극의 육지 포유류들 또한 말초 부위에서 체온이 빠져나가는 것을 최소화하기 위해 역열류교환을 이용한다. 인간에게도 일정 부분 이러한 현상이 존재한다. 그 결과 추운 날씨에 항온동물의 말초 부위는 심부 온도에 비해 상당히 낮은 온도를 유지하게 된다. 때로는 말초 부위가 주위 온도와 비슷하게 유지되기도 한다.

역열류교환 기능은 몸속 깊은 곳의 온도를 유지하게 할 수 있는 중요하고도 효율적인 방법이 분명하다. 그러나 반대로 말초 부위에는 상당히 불리하다고 할 수 있다. 왜냐하면 말초 부위의 온도가 차가워지면, 그리고 몸속에서 그 열을 전달해 주지 않는다면 그만큼 다른 어떠한 방식으로든 보호 메커니즘이 작용해야 하기 때문이다. 그래서 극지방이나 추운 지방의 동물들은 자기 다리와 발 조직이 빙점에 가까운 온도로 떨어지는 것을 견딜 수 있도록 적응해야 한다. 그런데 다리 온도가 빙점 이하로 떨어진다는 것은 생물학적으로 상당히 위험하다. 지질이 녹는점melting point 이하로 온도가 떨어지면 점차 점도가 높아지기 때문이다. 점도가 높아진다는 것은 지방이 굳는다는 것을 의미한다. '지방이 굳다니' 무슨 뜻일까? 세포막이 이층지질구조lipid bilayer로 되어 있다는 사실을 감안하면 지질의 점도가 높아진다는 것은 세포막이 굳는다는 의미이다. 그럼 어떻게 될까? 간단하다. 세포가 제 기능을 발휘하지 못하게 된다. 그래서 이 동물들은 차가운 다리와 발에 온도가 낮아져도 굳지 않는, 녹는점이 낮은 지질을 가지고 있어야 한다. 불포화지방산 unsaturated fatty acid이 바로 그것이다. 즉 추위에 적응된 동물들은 다리에 불포화지방산을 많이 함유하게 된다.[65] 그렇다면 더위에서는 어떨까? 더위에 적응된 동물들은 포화지방산saturated fatty acid을 상대적으로 많이 가지고 있다.

추위에서는 단지 체열을 보존하는 것만 문제가 되는 것은 아니다. 체온이 떨어지면서 신경계가 얼어 버리는 것도 막아야 한다. 신경이 차가워지면 기능이 둔화되고, 신경 기능의 둔화는 신체 기능의 둔화까지 가져오기 때문이다. 북극 갈매기Larus argentatus의 신경계 추위 적응 방식을 살펴보면, 이 새의 경골신경tibial nerve은 골반에서 발까지 이어진다. 골반 부위는 털로 잘 보호되어 있으므로 이 부위를 지나는 경골신경은 따뜻하게 보호되는 반면, 발은 털이 없어 이 부위의 경골신경은 외부온도에 직접 노출되는 셈이다. 결과적으로 같은 한 줄기 신경이라도 이 새의 어느 부위를 지나는가에 따라 그 온도 적응 상태가 달라질 수밖에 없게 된다.[66] 이와 관련이 있는 실험 결과에 따르면 털로 가려진 부위의 신경 전도 기능은 섭씨 11.7도에서 멈췄다. 그러나 추위에 적응된 신경은 섭씨 2.8도에서 그 기능을 멈추는 것으로 나타났다. 이 실험은 우리에게 같은 하나의 신경이라도 부위에 따라, 온도 적응 정도에 따라 신경 전도 기능이 다르게 나타날 수 있음을 알려 준다. 자연은 참 오묘하다. 아니, 살아남기 위해 참 별짓을 다 한다.

인간의 추위 적응

인간이 포유류이면서 지상의 다른 포유류와 비교해 외관상 확연히 다른 하나는 털이 거의 없다는 것이다. 언제부터 어떤 과정을 거쳐 유전적으로나 후천적으로 털을 제거하기 시작했는지 모르겠지만, 분명한 사실은 이로 인해 추위에 대한 방어 능력을 상당 부분 포기할 수밖에 없었다는 사실이다. 물론 도구를 사용하는 인간은 옷, 도구, 불 등을 이용해 추위를 극복했겠지만 말이다. 극복 정도가 아니라 극한 환경을 뚫고 이동했을 것이며, 심지어 다양한 환경에 정착하는 기회까지 충분히 누렸을 것이다.

깃털도, 털도, 두꺼운 지방층도 없으면서 인간은 어떻게 추위에 반응하고 적응했을까? 인간도 동물과 같은 기능을 가지고 있었을까? 아니면 인류의 선조들은 가지고 있었지만 지금은 잃어버린 것일까? 문명의 혜택을 거의 누릴 수 없었던 원시사회에도 인간이 지구상 어디에나 존재했음을 상기한다면, 분명히 인간은 일교차나 위도의 차이, 개인적 상황 등에 따른 추위를 견뎌내야 했을 것이다. 그렇다면 문명을 접하지 못했던 원시사회의 사람들은 혹시 그러한 추위 적응 능력을 갖추고 있지 않았을까? 문제는 과거의 행태를 보여줄 그들이 어디에 있느냐 하는 것이다. 시간이 수천 년이나 흐른 21세기에 그들을 만날 수도 없지 않은가. 다행인지 불행인지 학자들에 의해 기록된 몇몇 사례가 남아 있다. 다음은 그 사람들에 대한 생물학적 기록을 정리한 내용이다.

추위 상황에서 인간은 크게 두 가지 방식으로 반응한다. 하나는 행위적 반응이며, 다른 하나는 생리적 반응이다. 행위적 반응이란 몸을 움츠리거나 불이나 온열 방식을 택하여 몸을 데우는가 하면, 또 추위를 피해 따뜻한 지역이나 장소로 몸을 이동하거나 열을 많이 생산하고자 많은 음식을 먹는 것 등을 의미한다. 생리적 반응은 다시 크게 두 가지로 나뉜다. 단기적인 반응과 장기적인 순응이다. 단기적인 반응이란 추위에 순응하거나 적응하지 않은 상태에서 바로 추위에 노출될 때 나타나는 반응이다. 이 반응에서는 말초혈관을 축소하고 대사량을 증가시킨다. 말초혈관을 축소한다는 것은 체온이 몸 밖으로 나가는 것을 막아 주는 것이고, 대사량을 증가시킨다는 것은 잃은 체온을 다시 만들어 보상한다는 것이다. 우리도 모르는 사이에 추위에 대응하는 우리 몸의 자동적인 반응이다. 문명이 발달한 현대를 사는 모든 사람들은 추위에 이렇게 반응한다.

이 글에서는 오히려 장기적인 추위 순응 또는 적응을 주제로 설명하려고 한다. 장기적인 반응은 더욱 적극적이고 효율적인 대처 방법이 필요하다. 추위에 오래, 그리고 반복적으로 노출되면 인간은 먼저 구조적이고 물리적인 추위 대처 방식을 발달시킨다. 예를 들면 지방층을 두껍게 하거나 체구와 체형을 변화시켜 추위에 효율적으로 대처하게 된다. 두 번째로는 추위로 잃어버리는 체열을 대체하고자 더 많은 대사열을 발생시키게 된다. 이는 단기적인 반응에서 나타나는 것보다 훨씬 효율적이고 지속적이다. 이러한 반응은 분명히 많은 에너지 소비를 요구하므로 이러한 적응반응을 위해서는 많은 에너지 섭취가 수반되어야 함은 물론이다. 세 번째로 추위에 적응하면서 체온 자체를 변화시키는 전략이다. 우리가 아는 정상 체온보다 낮은 체온을 유지하면서도 그 체온으로 편하게 견디는 전략이다. 마지막으로는 추위에 열을 빼앗기더라도 최소한으로 빼앗기려는 방식이다. 마치 동물에서나 볼 수 있는 아주 고도의 적응 메커니즘이다. 다시 정리해 보자면 구조적 적응은 제외하고 생리적 적응만을 얘기하도록 한다. 인간의 추위 적응 메커니즘은 대사량을 증가시키는 대사성 추위 적응, 체온을 낮게 유지하는 저체온성 추위 적응, 그리고 열 손실을 최소화하는 단열성 추위 적응의 세 가지 방법이 있다.

그런데 이러한 추위 적응 메커니즘들은 서로 공존할 수 없을 만큼 근본적인 배타성을 갖는다. 만약 추위에서 대사적으로 활성화된다면 저체온적 추위 적응을 유지한다는 것에 위배될 수 있으며, 혈액 공급이 활성화되어 단열적 추위 적응을 저해할 수도 있기 때문이다. 따라서 인간의 추위 적응은 위의 방법들 중 하나만을 선택적, 또는 우선적으로 이용하는 것이 특징이다. 다시 말해 세 가지 방식을 모두 도입하여 추위 적응을 한 예는 아직 존재하지 않는다.

이러한 방식들을 이용한 인류의 추위 적응 사례를 알아보자. 첫 번째는 대사성 추위 적응으로, 먼저 에스키모로 더 잘 알려진 이뉴 잇inuits, 북극지방의 사람들, 노르웨이의 랩Lapps 족 등이 보여 주는 사례이다. 이들은 북극의 혹한을 견디고자 동물가죽을 이용했으며, 음식으로는 동물성 단백질과 지방을 주로 먹었다. 이들의 기본적인 추위 반응은 떨기를 통한 대사적 열 생산 증가와 말초혈관 수축이다. 얼핏 보기에는 현대인과 비슷한 반응처럼 보인다. 그러나 한 가지 다른 점은 현대인보다 떨기의 강도가 약하다는 것이다. 실험 결과를 보면 최소한의 옷을 입은 이뉴잇을 섭씨 25도에서 5도로 옮겼다. 추위 적응이 없는 백인을 같은 조건으로 실험했더니 백인은 대사량이 60퍼센트 증가했다. 같은 조건에서 이뉴잇의 대사량 증가는 27퍼센트에 불과했다.[67] 또 다른 연구에서 노르웨이의 랩 족을 한밤중 추위에 노출시켰더니 문명인들보다 에너지대사량이 적게 증가하였으며, 직장의 온도도 낮게 나타났다.[68] 일부에서는 이들의 추위 적응에 대한 진정성을 의심하기도 한다. 왜냐하면 이들은 방한성이 좋은 옷을 입고 북극의 추위를 견뎠기 때문이다. 또한 이들의 손만 추위에 노출시켰을 때 문명인들보다 손의 온도가 높게 나타났으며, 말초혈관의 수축력도 덜 강력하게 나타났다.[69] 단백질 함량이 높은 음식을 주로 먹는 이들의 식습관을 감안한다면 단순히 만성적인 추위 노출에 의한 적응이라기보다는 음식의 섭취 습관에 의한 열 생산인 것으로 해석되기도 한다.

두 번째로 튼튼한 옷이나 고단백질 음식을 섭취할 수 있는 환경도 아니고, 온화한 기후에서 살기 때문에 딱히 강력한 방한복이 필요하지도 않은 환경에서 맨몸으로 살아온 사람들의 기후 적응 방식은 어떠했을까? 이러한 저체온성 추위 적응 사례에 대한 연구는 호주 중부 사막의 원주민 애보리진 부족이 적당하다고 학자들은 손꼽는다. 애보리진에 관한 연구는 인류학자 힉스Hicks의 헌신적인 연구 열의로 한동안 많은 연구가 이루어졌다. 애보리진 부족은 호주 중부의 사막에 살고 있다. 이곳의 한밤 온도는 여름에는 섭씨 20도, 겨울에는 0도까지 떨어진다. 습도는 낮으며 증발과 방사에 의한 냉각은 빠르게 진행된다. 힉스는 1930년부터 1937년까지 이 부족을 연구했는데 당시 이들은 유랑하는 부족이었으며, 나체로 생활하고 있었다. 잠은 그냥 땅바닥에서 잤으며, 잠을 자는 동안 추위에 대한 유일한 대책이라고는 발밑 쪽에 지핀 작은 모닥불과 나뭇가지로 얼기설기 엮은 방풍벽뿐이었다. 이들의 독특한 추위 반응은 이들이 잠을 자는 한밤에 나타났다. 추위에 대한 반응을 살펴보면 문명인들은 밤잠을 전혀 이루지 못하고 벌벌 떠는 데 반해 애보리진들은 동일한 온도에서 편하게 잠을 자는 것은 물론, 대사량도 전혀 증가하지 않았다. 다만 이들의 직장 온도와 피부 온도가 상당 수준 떨어졌다.[70]

또 다른 원주민으로 남이프리가 칼리하리Kalahari 사막의 부시면을 대상으로 연구한 자료도 있다. 이들은 애보리진과 같은 사막 환경에서 살지만, 최소한의 의복과 은신처를 사용하고 잠을 잘 때는 추위에 대응해 망토를 사용하기도 했다.[71] 이들은 애보리진과는 달리 바깥에서 잠을 잘 때 자신들의 대사량을 증가시키는 것으로 보고되고 있다.

왜 호주 사막의 애보리진과 북극 이뉴잇들의 추위 반응 방식이 다를까? 학자들은 다음과 같이 해석하고 있다. 극지방에 거주하는 사람들은 피부 면적의 일부나 적은 부분만 짧은 시간 동안 추위에 노출시킨다. 반면 애보리진은 온도상으로는 덜 추운 환경이지만 추위에 대한 자극을 더 오랜 시간 강하게 경험했을 것이다. 이러한 추위 자극의 정도 차이가 추위 적응 방식에 다르게 영향을 미쳤을 것이라는 추측이다. 그러나 정확한 이유가 무엇인지 이제는 알아볼 방법이 없다. 호주의 애보리진, 아프리카의 부시면, 북극의 이뉴잇 모두가 지금은 문명의 혜택을 누리면서 살고 있어 이제 더 이상 그들의 원시적 생활 방식을 볼 수 없기 때문이다.

마지막 사례는 한국의 해녀들이다. 해녀들은 이뉴잇이나 애보리진과는 또 다른 경우를 보여 준다. 해녀들의 추위 반응과 적응에 관한 연구는 홍석기 박사(뉴욕 주립대학교)와 그 연구진들에 의해 진행되었다. 이들의 연구는 체온생리학을 공부하는 사람이라면 누구나 한 번쯤 꼭 읽어야 할 고전들이다.

여기서 잠시 홍석기 박사님에 대해 이야기하자면, 이 분은 인간의 체온에 대해 아무것도 몰랐던 한 석사과정의 유학생에게 과학을 해야겠다는 동기와 영감을 주신 분이다. 단지 글로써 말이다. 사실 이 유학생은 세 명의 과학자들을 존경해 왔고 그들의 논문을 상당히 좋아하였는데, 그 이유는 이 분들의 논문을 읽고 있노라면 마치 눈앞에 그 장면들이 펼쳐지는 것처럼 느껴졌기 때문이다. 다른 논문들은 지루하고 답답했을 뿐이었는데 말이다. 홍 박사님의 논문들이 체온생리학의 고전이라고 표현했는데, 사실 이 분의 연구는 환경생리학 전반을 아우른다. 잠수와 고압 환경, 그리고 다양한 극한 환경에서의 인체 반응에 대한 연구도 적지 않다. 세브란스 의과대학을 졸업하고 미국에서 유명한 생리학자인 아돌프ADOLF를 만나 환경생리학을 접하게 되었고, 이 과정에서 한국의 해녀들에 대한 연구를 시작했다. 결국 응용생리학계의 거장이 되었는데, 어느 정도의 학자로 인정받았는지는 1990년대 중반에 미국 생리학

회의 평생공로상을 수상한 것으로 설명할 수 있을 것이다. 세월은 사람을 가리지 않는다고 했던가. 한동안 파킨슨씨병에 시달리다 타계하셨다. 한 번은 그분이 근무하시던 미국 뉴욕 주립대학교를 방문할 기회가 있었다. 손수 인삼차를 끓여주시는데 무례하게도 이런 부탁을 했다. "제가 이 공부를 하게 된 것은 선생님 논문 때문이었습니다. 선생님 사인이 들어간 논문 한 편 얻을 수 있겠습니까?" 선생님은 기꺼이 그렇게 해 주셨다. 지금 그 논문은 액자에 끼워져 내 연구실 중앙에서 매일 나와 조우하고 있다.

해녀 이야기로 다시 넘어가서, 이들이 밝힌 해녀들의 추위 적응 체제는 다른 어떤 인간에게서도 관찰된 적이 없으며 그래서 더욱 값진 연구 결과로 평가된다. 해녀의 추위 적응 방식은 단열적 추위 적응 유형이다. 즉 추위에 대응해 체열을 생산하기보다 오히려 체열을 보존하려는 전략이다. 이것은 주로 극한 추위나 물속에서 살이기는 포유류에서 자주 관찰되는 유형의 추위 적응 방식이다. 물은 열전도성이 좋아 빠르고 강하게 체온을 빼앗아가는 특징을 가진 매체이다. 그래서 해녀들은 동물과 비슷한 적응체제를 발전시켰으리라는 추측이 가능하다.

실험 결과를 보면 찬물에 들어갔을 때 해녀들은, 피부 밑의 지방층 두께가 비슷한 체격과 나이의 일반 여성들에 비해 단열 능력이 우수한 것으로 나타났다. 분명히 지방은 물리적 단열층이므로

161

지방 두께가 같다는 것은 단열 능력이 같아야 함에도 결과는 그렇게 나왔다. 결국 해녀들은 지방 두께가 가질 수 있는 물리적 단열 능력 이상의 단열 기능을 가지고 있는 셈이다. 지방층 이상의 단열 기능이 가능한 것은 해녀들이 지방층 바로 아래의 근육층까지도 단열층으로 만들 수 있었기 때문이다. 그 메커니즘은 이렇다. 추위에 적응된 해녀들은 추위에 대응해 지방층 바로 아래 근육에 공급되는 혈류를 제한한다. 그럼으로써 이 부위에 열이 공급되는 것을 차단하는 것이다.[72] 해녀들이 같은 지방 두께를 가지고 있으면서도 일반인들보다 덜 떨고 추위를 견딜 수 있는 것은 바로 이러한 이유 때문이다. 또 최대한의 혈관 수축과 역열류교환에 의한 열 보존 체제가 이러한 단열층을 증가시켰을 것으로 생각된다. 이 밖에도 해녀들에게서 나타나는 특징적인 것은 또 있다. 계절에 따라 대사량의 변화를 보이는 것이다. 일반인들은 계절에 따른 대사량의 차이가 나타나지 않지만, 해녀들은 가을부터 대사량이 천천히 증가하다가 겨울에 최고조에 이르는 것으로 나타났다. 왜 그럴까? 그에 대한 답은 아직까지 찾지 못했다.[73]

지금 이들은 모두 어떻게 되었을까? 문명은 이들을 그냥 지나치지 않았다. 캐나다 북서지역에 거주하는 9세부터 76세까지 201명의 남자 이누잇과, 10세에서 69세까지의 여자 이누잇 143명을 대상으로 1970년부터 1971년에 걸쳐 이들의 체력을 측정해 본 결과, 이들의 최대 산소 섭취량은 이례적으로 높았으며 피하지방의 두께 또한 상당히 얇았다. 이들은 많은 눈이 쌓인 길을 걷거나 사냥을 위해 장거리를 이동해야 했고, 여자들은 아이를 업고 다녀야 하는 등, 적지 않은 활동량이 이들의 체력 수준을 결정했을 것으로 생각된다. 그러나 1980년과 1981년의 조사에서는 이들의 최대 산소 섭취량이 감소하였으며, 제중은 2~4킬로그램 증가했다. 동시에 피하지방 축적량도 증가했다. 체력의 감소와 체구의 변화는 동력을 이용한 이동 수단을 사용함으로써 활동량이 줄어든 것으로 이해된다.[74] 해녀들은 어떻게 되었을까? 한국에는 아직 해녀들이 많이 남아 있는데……. 안타깝게도 우리나라 해녀들도 이제는 우리가 책에서 배우고 알고 있던 모든 동물적 메커니즘을 잃어버린 듯하다. 1980년대에 들어서면서부터 고전적인 무명섬유에서 검은 고무 재질의 웨트슈트를 착용하기 시작한 해녀들은 더 이상 우리가 알고 있는 추위 적응 메커니즘을 발휘하지 못하고 있다. 인간의 추위 적응은 이렇게 책을 통해서나 약간의 기록으로 남아 있을 뿐이다.

동물의 더위 반응

동물들은 더위를 어떻게 피할까? 사람이야 여름휴가도 가고,

평상 위에서 찬물에 발 담그고 시원한 수박도 맛보고, 살얼음이 시원한 팥빙수라도 사 먹을 수 있지 않은가. 추위 반응과 다르게 더위에 대한 반응에서는 동물과 인간의 전세가 역전된다. 털이 없는 사람들이 추위에 맥을 못 춘다면, 털 많은 대부분의 동물은 더위가 취약이다. 그래서 동물들은, 특히 사람을 제외한 항온동물은 더위에 각기 다르게 반응하고 대응한다. 추위 반응에서와 같이 더위에 대한 반응도 행위적 반응과 생리적 반응으로 나눌 수 있다. 그런데 동물들은 행위적 반응이 생리적 반응보다 더 효율적일 수 있다. 그래서 동물들의 더위 적응은 그리 많은 연구가 이뤄지지 않았다. 여기에서는 동물들의 더위에 대한 행위적 전략과 더위라는 스트레스가 동물의 행위를 어떻게 변화시키는지를 이야기해 볼 것이다.

처음 살펴볼 내용은 더위 앞에서 이루어지는 동물들의 자세 변화이다. 동물의 몸과 주위 환경은 다양한 경로를 통해 열을 교환하는데 자세를 어떻게 하느냐에 따라 그러한 열교환량이 달라진다. 즉 자세를 변화시키면 주위 환경에 노출하는 체표면적이 달라지기 때문이다. 그래서 몸을 펴면 열교환이 많이 일어나지만, 반대로 몸을 움츠리면 열교환이 줄어들게 된다. 그래서 필요에 따라 지구에 열을 쏟아붓는 태양의 방사각도를 교묘히 어긋나게 하는 전략도 구사한다. 태양은 적외선의 흐름을 이용해 1kw/m^2를 방사한다. 이 방사열은 상당히 강한 수준이어서 이 방사열량을 그대로 몸에 받아들이면, 동물들이 자체적으로 생산하는 열량을 훨씬 웃돌 수 있다. 이해를 도우려면 예를 들어 설명하는 것이 최고다.

사람이 가만히 안정을 취하고 있을 때 생산하는 열을 약 70와트 정도라고 가정하자. 하늘이 맑고 건조한 날에 햇빛을 수직으로 받으며 태양을 쬐면 약 750와트의 열을 받게 된다. 그래서 동물들은 어떻게든 태양의 직사광선을 피하게 되고, 심지어는 태양을 직접 받는 각도를 변화시켜 수직으로 태양을 받지 않으려 애쓴다. 어떤 학자는 태양복사에 대한 도피의 목적으로 사람이 두발로 걷는 진화의 단계가 가속화한 것으로 해석하기도 한다.[75]

이번에는 동물들의 이동 능력을 이용한 더위 피서법이다. 즉 더운 곳을 피하는 전략이다. 멀리 가지 않고도 집안에서 키우는 애완동물의 모습을 보면 쉽게 알 수 있다. 개나 고양이 같은 애완동물은 추우면 햇볕이 따사로운 발코니나 열기구 가까이 있다가 더우면 시원한 곳으로 어슬렁어슬렁 이동한다. 사람이 키우는 동물이 아니라도 더운 곳에 사는 동물은 더위를 피하기 위해 허허벌판에서 땅굴을 파고 들어가 시원함을 찾기도 한다. 반수중동물semiaquatic인 이구아나, 악어, 하마 등은 사람과 마찬가지로 수영을 즐긴다. 그리고 이러한 행위는 항상 자신들의 체온 수준을 고려하여 이루어진다.

자신의 신체를 이용한 방법들도 동원된다. 비버beaver는 자신의 꼬리를 물속에 담가 더위를 식히고, 악어는 입을 벌려 뇌 일부를 식힌다. 물개는 자신의 물갈퀴를 움직여 바람을 일으키며, 코끼리는 귀를 움직이고 타조는 날개를 움직여서 자신들이 만든 바람으로 몸을 식힌다. 또한 타조는 날개를 들어올려 자신의 털 없는 피부에 스스로 그늘을 만들어 선사하기도 한다. 자율신경적 증발에 의한 열손실 능력이 없는 동물들은 때론 값비싼 행위를 보이기도 한다. 표현이 조금 어렵지만 자율신경적 증발에 의한 열손실 능력이 없는 동물이란 땀을 흘리지 못하는 동물을 말한다. 이런 동물은 자신의 타액을 맨 피부나 자신의 털에 발라 땀이 증발하는 것과 같은 효과를 노리기도 한다. 또는 사막에서 낮을 피해 야간에만 활동하는 것도 더위를 피하는 방법으로 여겨진다.

그런데 이러한 행위들은 다양한 외부적, 또는 내부적 조건에 따라 변할 수 있다. 먼저 대사량이 증가하는 경우는 어떨까. 활동성이 강한 쥐를 대상으로 실험해 보았다. 쥐가 움직이면 기초대사량이 넘는 열을 만들게 되므로 활동이 많은 쥐는 그렇지 않은 쥐들보다 더 시원한 곳을 선호했다.[76] 그리고 이러한 경향은 몸속에 열 생산이 더 많아졌을 때 더욱 확연하게 나타났다.

불쌍한 쥐들을 대상으로 다시 한 번 실험했다. 쾌적한 방안에서 쥐들의 갑상샘 활동이 과다하게 나타나도록 조작했다. 갑상샘은 대사량을 조절하는 샘(腺, gland)이니까, 대사량을 증가하도록 조작한 셈이다. 그랬더니 쥐들의 기초대사량이 2배까지 증가했다. 이번에는 반대로 이 쥐들을 이용해 갑상샘의 활동이 억제되도록 조작했다. 그랬더니 기초대사량이 40퍼센트까지 줄었다. 이 두 가지 상황에서 쥐들에게 선호하는 장소를 선택하도록 했더니 열 생산이 많았을 때는 시원한 곳을, 열 생산이 줄었을 때는 따뜻한 곳을 찾더라는 것이다. 이러한 경향은 개에서도 관찰되있다.[77] 실험이 어려워서 그렇지, 사람도 예외는 아닐 것이다.

더위에 대한 반응은 먹는 것과도 관련이 있다. 만약 동물이 먹는 음식으로 충분한 에너지를 제공받지 못하여 체중이 감소하면 동물들은 어떻게 행동할까? 이럴 때는 동물들이 더위를 피하지 않는다고 한다. 그러니까 에너지가 부족한 조건에서는 오히려 스스로를 더위에 노출시켜 외부의 열을 받아들임으로써 에너지를 보상받으려는 것이다. 보통 에너지가 모자란다는 것은 대사량이 감소하는 것을 의미하고, 그렇다면 체온을 유지하기 고달프다는 뜻이다. 반대로 음식을 충분하게 섭취하면 선호하는 주위 온도가 다시 낮아지는 것으로 나타났다. 사람과 비슷하지 않은가. 이는 산소가 부족한 경우에도 비슷하게 나타난다. 주위 환경의 산소가 부족해지면 많은 동물은 행위적으로 높은 온도를 피하고 체온이 떨어지도록 유도한다고 한다. 왜 그럴까? 아마도 체온을 떨어뜨려서 대사량을 줄임으로써 적게 공급되는 산소에 맞추어 호흡량을 줄이려는

시도인 것 같다.[78]

인간의 더위 적응

인간은 더위에 적응하는가? 최소한 우리의 경험상 그럴 것이라고 생각된다. 그리고 현재까지 학자들에게 알려진 정보로도 그렇다고 봐야 할 것이다. 실험적으로는 말이다. 그러나 단기간의 순응과 장기간의 적응은 상당한 해석 차이를 보이기도 한다. 즉 실험적인 단기간의 더위 순응과 사막이나 열대지방에서와 같은 장기적인 더위 노출은 분명히 다른 양상을 보인다. 원인은 다양하겠지만 아마도 더위에 대해 반응하는 인간의 지혜 또한 다양하기 때문은 아닌가 싶다. 예를 들어 더우면 물속에 들어가거나 그늘에서 몸을 식히고, 덜 움직이는 등의 행위적 반응이 다양하지 않은가.

더위에서의 체온 상승은 추위에서의 체온 강하와는 사뭇 다르다. 단지 단어의 차이가 아니라 인간의 정상적인 체온에서부터 올라갈 수 있는 안전한 체온 폭과 떨어질 수 있는 안전한 체온 폭이 다르다. 즉 섭씨 37도의 심부온도에서 위로는 약 3~4도 증가 폭의 여유가 있지만, 아래로는 약 5~6도까지 하강 폭이 존재한다. 따라서 인간은 이 하한선과 상한선 내에서 일정한 조절을 통해 정상적인 체온으로 돌아올 수 있는 능력을 갖추고 있다. 또한 더위에서는 땀의 발산이라는 적극적인 체온 떨어뜨리기 작전이 존재하므로 웬만한 체온 상승은 억누를 수 있지만, 추위에서 일단 체온 강하가 시작되면 이를 되돌릴 수 있는 방법은 외부에서 열을 제공하는 방법밖에 없기 때문이다. 즉 인간은 추위에 비해 더위에서 더욱 적극적인 조절 체제를 발현할 수 있는 것이다.

인간의 더위 적응은 최소한 실험적으로는 일관성 있는 유형을 보인다. 더위 순응으로 일어나는 인간의 대표적인 생리적 변화는 더위 순응 전과 비교하여 같은 더위에서 체온의 상승이 적게 일어나며 심혈관계의 부담이 적어진다는 것이다. 즉 심부온도의 상승이 둔화하고 심박수가 줄어들며 땀의 생산이 증가하여, 땀 때문에 생기는 열 발산이 더욱 빠르게 진행된다. 또한 더위 순응 후에 나타나는 땀은 순응 이전의 땀보다 더욱 묽어져 전해질 손실이 적다. 특히 더위에 대한 내성이 증가하여 더위가 보다 편히 느껴지며, 그래서 더위에서 더 오랫동안 버틸 수 있게 된다.[79]

그렇다면 자연환경에서 충분한 시간을 두고 적응하면 어떻게 될까? 실험실에서의 더위 적응과 같은 반응이 나타날까? 이것은 자연환경에서 얼마나 오래 순응했는가에 따라 달라질 수 있을 것이다. 예를 들어 짧은 시간 동안 더운 환경에서 살아온 사람들은 실험실에서 나타난 것과 비슷한 더위 순응 양상을 보인다. 그러나 더 장기적인 더위 순응은 조금 다른 반응을 보인다. 습한 더위에서 오래 거주한 사람들은 오히려 땀을 과다하게 배출하지 않는다. 이러한 더위 순응은 인종별로 약간의 차이가 있는 것으로 보인다. 연구 결과들을 살펴보면 흑인들이 백인들보다 더 적은 땀을 흘리는 것으로 조사되고 있다.[79]

그런데 여기에서 실험적인 더위 순응과 자연적인 더위 순응 간의 차이를 짚고 넘어갈 필요가 있다. 더위 순응을 유발하는 실험에서는 실험에 참여한 사람들에게 충분한 수분을 섭취할 수 있도록 하면서 실험을 진행한다. 즉 계속적인 더위 자극이 이루어지는 동안 땀을 흘림으로써 체온 조절이 지속적으로 가능하게 한 것이다. 그러나 현실은 다르다. 더운 지역이라고 항상 마실 물이 있는 것은 아니잖은가. 사막처럼 강한 더위는 지속되지만 제공받을 수 있는 물은 한정적인 조건이라면, 그래서 땀을 충분히 계속 흘릴 수 있는 조건이 아니라면 과연 인간이 어떻게 생리적으로 적응할지는 미지수이다. 다양한 자연환경에서 살아가는 수많은 인간들을 대상으로 연구한 결과 중에 중앙아시아의 사막지대를 지나는 캐러밴이나 아프리카 사막지대에서 낙타를 타고 횡단하는 유랑민들에 대한 연구 자료가 없는 것이 안타까울 따름이다.

음식에 대한 적응

음식 섭취는 생명 연장을 위한 가장 중요한 첫 단계일 것이다. 대사율을 유지하고, 신체의 구성 물질을 받아들여야 하기 때문이다. 그래서 동물들에게 먹는 것은 그 무엇보다 중요하다. 동물들은 항상 먹을거리를 찾아다닌다. 먹지 않으면 비실비실 배를 곯다 죽을 테니 말이다. 문제는 자연환경에서는 먹고 싶을 때니 배고플 때 항상 먹을 것이 옆에 있지 않다는 점이다. 지금 우리처럼 먹을거리가 넘쳐나는 것은 더더욱 아니니까. 그래서 동물들은 먹잇감의 풍부함과 그 유용성에 따라 적응해 왔다. 먹을 것이 충분할 때 새끼를 낳거나 하는 것은 바로 생태와 음식 섭취의 연관성을 보여 주는 예일 것이다. 그렇다면 먹을 것이 많지 않았을 때 인간은 에너지 대사와 축적을 어떻게 했을까? 지금부터 인간의 음식에 대한 적응 과정을 알아보자.

조금 거창한 듯 싶지만 인류사적 이야기를 하나 하지면, '절약유전자형Thrifty Genotype'에 관한 내용이다. 절약유전자형은 지방의 형태로 에너지를 저장하는 데 효율적인 사람을 일컫는 말이다.[80] 이 절약유전자형은 자연선택natural selection 과정에서 인간의 게놈genome에 유입된 것으로 보인다. 절약유전자형을 선택하게 된 것은 아시아에서 북미로, 그리고 다시 사막을 지나는 이주 통로에서 육지다리land bridge를 통과하는 동안의 생리적 적응 결과로 해석된다.[81] 1989년에 리텐바흐RITENBAUGH와 구드비GOODBY는 이에 대한 연구 결과를 발표했다. 이에 따르면 선사시대 사람들은 이 육지다리를 통과하면서 특이한 식단 구성을 유지했을 것으로 보았다. 즉 고단백질, 중간 수준의 탄수화물, 저지방의 음식을 각각 34퍼센트, 45퍼센트, 21퍼센트씩 먹었을 것이라는 얘기다. 또한 간헐적인 굶주림을 견디며 살아남아야 했다. 탄수화물은 적었고, 간헐적으로 공급되는 지방은 부족했으며, 단백질은 비교적 충분했을 것이다. 이런 부족한 식단 구성에도 인간은 끊임없이 움직여야 했고 항상 체온을 유지하기 위해 열량의 공급은 필요했다. 이런 몸의 요구에 응하기 위해 인간이 보여준 생리적 적응 단계는 대단히 흥미롭다.

뇌나 신장처럼 우리 몸에서 가장 중요한 장기가 적정하게 기능을 유지하기 위해서는 최소한 50mg/dL의 혈당치를 유지해야 한다. 하지만 선사시대 사람들에게는 이 수치를 유지하는 일은 분명 쉽지 않았을 것이다. 음식 중 탄수화물의 비중이 적었으므로 혈중 인슐린 수준을 쉽게 떨어뜨렸을 것이고, 신체 활동과 열 생산을 위해 지방산은 가장 우선적인 연료로 사용되었을 것이다. 그렇다면 어떠한 방법을 동원하여 이 모든 한계를 극복할 수 있었을까? 현재의 우리로서는 아마도 지방의 축적으로 가능하지 않았을까 하고 짐작할 뿐이다. 지방 축적이 많았다면 일단 체온 유지를 위한 연료 공급 문제, 글루코오스glucose를 절약하는 문제, 단백질이 에너지로 사용되는 문제를 해결할 수 있었을 테니 말이다. 이러한 문제가 해결되자 살아남을 수 있는 확률은 훨씬 더 높아졌을 것이다.

이 선사시대의 인간사냥꾼들은 남쪽으로 이주하여 농사를 짓기 시작하면서 음식 섭취 과정에서 탄수화물의 부족 현상을 점차 줄이게 됨으로써 탄수화물이 대사 과정의 연료로 사용되는 비율은 늘어났을 것이다. 그래서 이제는 저장된 지방을 절약할 수 있게 되었을 것이다. 분명 인간이 먹을 수 있는 음식이 풍족해진 것도 한몫했을 터이다. 그 덕분에 글루코오스는 향상되고 인슐린 농도가 유지되어 지방은 더욱 절약할 수 있게 되었을 것이다. 지방의 축적은 굶주림 기간 동안 견딜 수 있게 해 주었고, 특히 임신이나 모유 수유 기간에도 중요한 역할을 했을 것이다.

이러한 시나리오는 지금 현시점에도 적용된다. 현대에 살면서도 원시적인 사회를 구성하여 사는 칼라하리 사막의 쿵산 족 사람들이나 폴리네시아Polynesia의 마오리Maori 족에게서 이러한 현상을 관찰할 수 있다.[82, 83] 이들 일부 문화의 기준으로는 이것이 여성의 아름다움으로 여겨지기도 한다. 원시적 사회는 현대 기준으로 본다면 비만에 가까운 풍만함이 매력적인 희망사항으로 받아들여진다. 그래서 지방을 더욱 잘 저장하는 능력이 선택된 것이다.

사회가 산업화하면서 음식에서 지방과 탄수화물이 차지하는 비율이 증가하고 단백질의 비율은 감소하게 되었다.[82] 또한 모든 물자가 풍족한 사회에서 굶주림은 최소화되었다. 절약유전자형은 이제 반대로 21세기의 사회문제라는 비만의 가능성을 증가시킨다. 엎친 데 덮친 격으로 사람들은 이제 더 이상 선조들만큼 몸을 움직이지 않는다. 한때 살아남기 위한 최상의 적응 형태였던 절약유전자형은 이제 현대사회에서 가장 확대된 건강상의 문제로 전락하고만 것이다.

이제 먹는 것에 대해 얘기해 보자. 너무 많이 먹으면 어떻게 될까? 자연환경에서는 동물들이 많은 음식을 먹을 수 있는 기회가 적으므로 실험 과정을 통해 먹을 수 있을 만큼 충분히 먹도록 조건을 갖추고서 식이유발성 과잉영양증diet-induced overnutrition을 유발시켰다. 영양소가 지나치게 많이 공급되도록 하기 위해 네 가지 방법을 사용하는데, 각각의 영양 구성 성분을 바꾸는 방식이다. 즉 고지방식이high fat diet, 고자당식이high sucrose diet, 고지방 고자당식이high fat and high sucrose diet, 그리고 '식당cafeteria' 방법이다. 결론부터 말하자면 어떻게 먹든 과다한 영양 섭취는 장기적인 대사 변화를 유발했다. 이 동물들에게 다시 정상적인 식사를 공급하더라도 비정상적으로 바뀐 대사는 계속 유지되었다. 또한 어떤 방식이든 상관없이 과잉영양증은 지방량을 증가시키고 비만을 유발했다.

지방은 우리 몸에 어떤 영향을 미칠까. 음식에서 지방이 차지하는 비율이 30퍼센트 이상을 차지하는 경우를 고지방식이라고 한다. 고지방식이를 하면 대부분의 동물은 살이 찌고 비만해진다.[84] 이때 나타나는 비만 정도는 음식에 얼마나 많은 지방이 함유되어 있는가에 비례해서 증가한다.[85] 지방의 종류가 무엇인가에 따라 지방의 증가량이 결정되기도 한다. 예를 들어 포화지방산saturated fatty acids과 장쇄 중성지질long-chain triglycerides을 포함한 지방은 불포화지방산poly-unsaturated fatty acids과 중쇄 중성지질medium-chain triglycerides을 포함한 지방보다 더 많은 지방질의 증가를 보였다.[86]

당saccharide은 어떤 영향을 미칠까? 이번에는 과다한 당류 섭취에 대해 알아보자. 설탕이 많이 포함된 유동식을 쥐에게 먹이면 과식증과 비만을 유발하며, 이는 수컷보다 암컷에게서 더 확연하게 나타난다.[87] 흥미로운 것은 쥐의 과식증은 설탕의 유형에 따라 다르게 나타나는데, 쥐들은 고체설탕보다 액체설탕을 더 좋아한다는 것이다. 또한 쥐의 맛 선호도는 글루코오스가 많이 연결된 당일수록 높아지다가 글루코오스가 8개 이상 연결되면 점차 선호도가 줄어든다고 한다. 사람도 그렇다. 비만인들이 단 음식을 더 좋아한다고 한다.[88] 당연한 이야기일까? 고지방식이와 마찬가지로 동물들은 과식증을 보이지 않으면서도 고당류 식이만으로도 비만이 나타난다고 한다.

고지방과 고탄수화물 식사는 어떨까? 마찬가지이다. 이러한 먹이를 먹은 쥐들의 절반 이상에서 과식증과 비만이 나타났다.

마지막으로 모든 먹이를 다 늘어놓고 먹고 싶은 만큼 먹도록 했을 때 쥐들은 맛이 좋고 음식들이 다양할수록 더 많이 먹었다.[87] 그리고 몸속에 지방질을 더 많이 축적했다. 실험해 보지는 않았지만 사람들도 마찬가지일 것이다. 사람은 음식이 하나씩 제공되었을 때보다 다양한 음식이 한꺼번에 제공되었을 때 더 많이 먹게 된다.[89] 앞으로는 잔칫상을 조심해야겠다.

그렇다면 사람도 동물들과 결과가 같을까? 사람을 대상으로 하는 실험에서는 쥐들처럼 극단적인 음식 섭취를 강제하는 것이 불가능하다. 그러나 학자들은 동물실험에서와 마찬가지로 인간을 대상으로 한 연구에서도 위와 비슷한 결과가 나올 것으로 보고 있다. 또한 사람의 비만은 유전적인 요인도 중요하게 작용하는 것으로 보고되고 있다. 이런 이론을 뒷받침하는 증거는 외부와 단절된 채 살아온 부족들이나 쌍둥이를 대상으로 한 연구에서 잘 나타난다.[90] 북미 대륙의 피마인디언Pima Indians은 상대적으로 근친혈통의 종족인데, 이들에게 비만과 비인슐린 의존성 당뇨병이 나타나는 비율은 각각 75퍼센트와 45퍼센트로 높은 수준이며, 이들의 대사 변형은 직계 집단성이 높다.[91] 또한 일란성 쌍둥이가 이란성 쌍둥이보다 비만과 함께 동반되는 대사 변형이 더 높게 나타나고 있다.[92] 또한 입양아를 연구한 자료에 따르면 비만이 나타나는 것은 입양 부모보다 생물학적 부모의 영향이 더 큰 것으로 나타났다.[93]

6부 | 불가능에 대한 도전

어릴 때 친구들과 물위를 달리는 방법을 수수께끼로 내면 누군가 '한 발을 딛고 빠지기 전에 재빨리 다른 한 발을 내딛고, 또 이 발이 빠지기 전에 다른 한 발을 다시 디디면 된다'고 대답한 적이 있다. 아마 이런 이야기는 다들 한 번쯤 들어본 우스갯소리일 것이다.

돌고래처럼 빠른 속도로 수영하기

초등학교 때 수영선수였던 나는 다른 선수들과 마찬가지로 항상 기록에 대한 부담을 안고 살았다. 기록에 대한 스트레스는 내가 돌고래보다 수영을 못하기 때문이 아니었다. 어차피 돌고래를 따라잡는 것은 인간의 힘으로는 불가능한 일이고, 만약 돌고래보다 수영을 잘한다고 해도 그건 나에게 아무런 의미가 없었다. 오히려 나에게 스트레스를 주는 것은 바로 그놈의 몽둥이었다. 아직도 맞던 기억이 생생하다. 훈련 중에 기록이 안 나오면 안 나온 만큼 맞았으며, 기록이 잘 나오면 왜 진작 이렇게 하지 못했느냐며 잘한 만큼 맞았다. 잘해도 맞고 못해도 맞고, 여하튼 정말 많이 맞았다. 매는 평상시에는 스트레스였고, 맞을 때는 공포와 두려움의 대상이었다. 내가 자랄 당시만 해도 매를 맞아 가며 훈련해야 기록이 잘 나온다는 괴상한 논리가 정설처럼 작용하던 때였고, 실제로 매를 맞아 가며 강도 높은 훈련을 받은 놈이 기록이 더 잘 나오기도 했다. 세월이 흐르고 운동선수에 대한 처우나 인식이 달라진 요즘 생각해 보면 피식 웃음이 나오는 장면들이다.

나의 경우처럼 매를 맞으면 정말 더 잘 할 수 있을까? 그럴 수도 있을 것이다. 일단 매를 맞는다는 것은 어린 선수들에게는 어떤 훈련보다 무섭고 강도 높은 정신 무장을 하게 해 주는 무기였고, 따라서 매를 맞는 공포에서 벗어나기 위한 동기 부여가 확실하니 말이다. 심리학에서는 이런 경우를 어떻게 설명하는지 모르겠지만 운동생리학을 공부하는 나로서는 지금 누가 같은 질문한다면 꼭 그렇지만은 않다고 말하고 싶다. 인간이 하등동물이 아닌 이상, 매를 맞아서 되는 일도 있지만 안 되는 일도 있기 때문이다. 최소한 물속에서는 그게 통하지 않는다. 지금부터 설명할 돌고래의 잠수 능력과 물을 헤치고 나가는 전술을 배우다 보면 우리네 인간들의 수영이란 물놀이 축에도 끼이지 못한다는 것을 알게 될 것이다. 그리고 수영이라는 운동이 매를 맞아가며 정신력으로 할 수 있는 성질의 것이 아님을 깨닫게 된다.

우리가 돌고래에게 배울 수 있는 중요한 능력은 크게 두 가지로 나눌 수 있다. 바로 수영 능력과 잠수 능력이다. 돌고래는 인간처럼 허파로 숨을 쉬는 포유류이면서, 물의 저항을 극복하고 물속에서 산소를 절약할 수 있는 능력을 가지고 있다. 돌고래의 수영 능력은 역학적, 기능적, 운동학적으로 해석이 가능하며, 잠수 능력은 생리학적 해석으로 이해될 수 있다. 물론 두 가지 해석 방법이 양쪽 모두에서 사용되지 않는 것은 아니지만 말이다.

먼저 수영 능력부터 살펴보면 돌고래는 최소한 세 가지의 수영 형태를 보인다. 그 차이는 다급한 정도에 따라 결정되는 것 같다. 편한 수영은 자주, 그리고 편안하게 물위로 올라왔다 내려가기를 반복한다. 그리고 숨을 쉴 수 있을 정도로만 물위로 상승한다. 빠른 수영의 경우는 수치로 나타내면 초속 약 3~3.5미터로, 이 정도면 100미터를 28~33초에 수영할 수 있다. 지금 사람의 자유형 100미터 세계신기록이 약 48초 정도이니 돌고래의 속도가 얼마나 빠른 것인지 대충 짐작할 수 있을 것이다. 빠른 수영을 하는 돌고래는 수면 바로 아래에서 수영하는데 이때 수면 밖으로 거의 물을 튀기지 않는다고 한다. 심지어 속도가 초속 4.6미터까지 나오기도 한다. 마지막으로 가장 바쁘게 수영하는 경우, 또는 위험에 처했을 때 돌고래는 연속적으로 포물선 모양을 이루며 물위로 뛰어오르게 된다. 물론 이때는 물이 튀는 것은 당연하며, 뛰어오르기 바로 직전에는 짧은 시간 동안 수면 수영을 하게 된다.[94] 돌고래들은 왜 이러한 다양한 수영 형태를 보일까? 대답은 간단하다. 에너지를 효율적으로 사용하기 위해서이다.

그럼 무엇이 효율적이란 말인가. 물속에서 수영하는 동안 사용되는 에너지 비용을 줄이도록 진화되어 온 돌고래의 형태적 morphological 변화는 일단 접어 두자. 인간이 돌고래처럼 코가 뒤통수 뒤에 있고 부드러운 유선형의 몸에 팔과 다리가 지느러미 같은 형태로 변할 수는 없으니까. 수영은 에너지 측면에서 고비용을 치러야 하는 행위이다. 포유류의 수영은 더욱 그래서 물고기에 비해 약 2~23배의 이동 비용을 지러야 한다.[95] 그러니까 장거리를 이동하는 돌고래에게 에너지의 효율적 사용과 최소한의 지출은 아주 중요한 숙제이다. 문제는 숨을 쉬기 위해 수면 위로 나오는 과정이다. 물 환경에서 저항이 가장 심한 곳이 바로 수면이기 때문이다. 물과 공기가 만나 파도를 일으키는 수면은 돌고래들이 가능한 한 가장 짧게 머물기 원하는 곳이다. 따라서 수면 바로 아래에서의 수영이 전체적인 에너지 비용을 줄여 주는 좋은 위치이다.

사람들은 어떻게 수영하고 있는지 한번 생각해 보자. 사람은 물의 저항이 가장 높은 수면에서 그것노 파도나 수면의 물 살과 싸워 가면서 수영한다. 모든 수영법은 팔과 다리를 이용한다. 팔을 저을 때는 작용-반작용의 법칙을 증명이나 하려는 듯 전진하는 힘을 팔의 동작으로 막는다. 물고기나 돌고래가 보면 참으로 우스꽝스러운 수영법이다. 그래도 세계신기록을 새롭게 달성하려는 노력은 여전히 이런 수영법을 고수하면서 계속 꿋꿋하게 진행되고 있다. 만약 100미터 자유형 경기에서 선수가 물속에서만 수영을 한다면 지금보다 더 빠른 기록이 나올 수 있을까. 글쎄, 그건 아무도 모르지만 분명 그럴 가능성이 높을 것이라 생각한다. 그리고 물속에서 수영하는 것이 신기록 수립의 폭도 더 클 것으로 추측된다.

이번에는 잠수 이야기를 해 보자. 돌고래의 잠수 능력은 수영 기술을 능가하는 고도의 적응 과정을 거치면서 개발된 능력이다. 수면에서의 수영은 어쨌건 필요에 따라 숨을 쉴 수 있다. 그런데 물속으로 들어가는 잠수는 다르다. 한번 대기의 공기를 흡입하고 물속에 들어가면 그것으로 모든 것을 해결해야 한다. 재미있는 사실은 바다에서 생활하는 포유류 동물이 잠수를 하는 동안 추정되는 산소 소비량이 실제로 잠수하는 시간과 맞아떨어지지 않는다는 것이다. 수면에서 물속으로 가지고 들어가는 산소의 양보다 잠수하는 동안 사용했을 것으로 추정되는 산소의 양이 더 많게 계산된다고 한다. 비축량보다 사용량이 많아진다는 것은 역설적이다.

보통의 경우라면 바다 포유류들이 비용 효율성을 감안해서 일정한 속도로 잠수하는 것으로 알려졌다. 그런데 병코돌고래 bottlenose dolphin가 수면에서 수영하는 속도로 잠수를 한다고 가정하면 이들이 가지고 가는 산소의 양으로는 200미터 이상 잠수할 수 없는 것으로 계산된다. 그런데 실제로는 그 이상 잠수할 수 있는 능력을 가지고 있다. 그렇다면 유산소운동이 아닌 무산소성 운동으로 전환하여 잠수한다는 것일까? 그렇지 않은 것 같다. 왜냐하면 무산소성 운동을 실행했다는 증거인 혈중 젖산 농도가 변하지 않기 때문이다. 그럼 이러한 능력이 어떻게 발휘될 수 있는 것인가. 다른 곳에서 그 원인을 찾아야 할 것이다.

캘리포니아 대학의 윌리엄스WILLIAMS 박사는 지난 2000년 물개와 고래에게 수중 카메라를 장착시켜서 자유롭게 잠수하는 이 동물들의 잠수 행동을 연구했다. 그 연구 결과는 우리의 흥미를 돋우기에 충분하다. 물개나 고래는 에너지 효율을 증가시키고자 행위적 전략을 구사하는 것으로 나타났다. 80미터 이상의 깊이로 잠수할 때는 잠수 시간의 약 3/4가량을 글라이딩미끄러져 수영하는 것에 의존한다. 동물들은 잠수 초기 30~200초 동안 계속해서 수영해 바다 속으로 내려간다. 동물마다 최종 잠수 깊이는 다르지만 이들 모두 약 86미터 깊이까지 수영을 하다가 그 다음부터 글라이딩을 하더라는 것이다. 글라이딩이 가능한 것은 부력 변화가 가능하기 때문인데, 깊이가 깊어질수록 수압에 의해 허파가 점차 축소되기 때문이다. 폐포가 완전히 쪼그라드는 깊이는 65~70미터이며, 바로 이 지점부터 글라이딩이 시작되는 것이다. 깊이가 깊어져도 체중은 변하지 않기 때문에 부력에 더 큰 영향을 미치게 되고, 동물들은 수영에 필요한 에너지를 사용하지 않고도 가속도를 이용해 수동적으로 글라이딩을 할 수 있게 된다. 이러한 물리적 원리를 최대한 이용한 잠수 방식을 보여 주는 동물이 웨델물개Weddell seal인데 이들은

9.2~59.6퍼센트까지 잠수 에너지 비용을 줄이는 것으로 조사되었다. 이러한 에너지 보존 전략은 바다 포유류로 하여금 유산소 잠수 시간을 연장할 뿐 아니라, 산소 공급이 제한된 상태에서도 굉장히 깊은 곳까지 잠수할 수 있도록 해 주는 것이다. 대단한 놈들이다.

바다 깊은 곳까지 물개와 잠수하기

물개의 잠수 이야기를 좀 더 해 보자. 돌고래와는 다른 연구 결과를 소개하고 싶어서이다. 특히 여기서는 웨델물개를 소개하고자 하는데, 그 이유는 웨델물개가 가장 깊이 잠수하는 포유류 중의 하나이며 이에 대한 연구 자료도 많기 때문이다. 이들은 1시간 10분 이상 잠수하며, 깊이도 500미터 이상까지 잠수하는 것으로 알려져 있다.[96] 이들은 극한의 추위를 견디기 위해 체중의 25퍼센트에 달하는 두꺼운 지방층blubber을 가지고 있으며, 성장한 물개는 체중이 350~450킬로그램에 이른다. 이들은 지방층과 피부에는 혈액을 공급하지 않아 체온을 거의 빼앗기지 않는다. 이들이 잠수를 하는 동안 최대의 문제는, 아마도 인간을 포함한 대부분의 포유류가 직면하는 문제이겠지만, 압력의 증가에 따른 공기주머니와 신경조직, 특히 뇌에 가해지는 압력일 것이다. 공기주머니는 해부학적으로 얼굴 앞면에 있는 시누스 공동sinus cavities, 얼굴 앞면의 뼈로 둘러싸인 빈

공간과 가운데귀middle ear, 귓구멍의 중간 부분의 공간을 의미하는데, 바다 깊이 잠수하는 물개는 이 공동이 진화하면서 사라지고 없다. 해부학적으로도 잠수하는 데 문제가 없도록 진화한 것이다.

이번에는 잠수를 하는 동안 생기는 잠수병모세혈관 속에 질소 기체가 축적되는 질환에는 어떻게 대응하는지 알아보자. 사람이 스쿠버 다이빙을 하는 동안 가장 부서워하며 조심하는 것이 바로 잠수병이다. 지상 포유류들이 물개와 같이 잠수를 한다면 잠수 후 수면으로 부상하는 과정에서 질소 기체에 의한 문제가 발생할 것이다. 그러나 물개들은 이 또한 진화의 과정에서 극복해 냈다.

먼저 허파로 호흡하는 포유류의 기체 운반 메커니즘을 알아보자. 잠수하는 동안 포유류는 산소의 저장과 분배, 이산화탄소의 제거, 질소의 안전 수준 유지 등의 관리를 해야 한다. 모든 포유류는 잠수하는 동안은 물론, 지상에서도 자기 체내에 많은 산소를 보존하고자 한다. 몸속에서 산소를 저장하는 방법은 두 가지가 있는데 하나는 허파에 저장하는 것이고, 또 하나는 세포에 저장하는 것이다. 세분화해서 세포에 저장하는 방법은 다시 두 가지로 나뉘는데 하나는 혈액 속의 헤모글로빈에 저장하는 것이고, 다른 하나는 근육 속의 미오글로빈에 저장하는 것이다.

분명히 물개도 포유류이며, 그래서 물위에서는 허파를 이용해 숨을 쉰다. 그러나 허파를 이용한 호흡은 물속 40미터 이상에서는

185

불가능하다. 이유는 간단하다. 40미터 깊이보다 더 깊은 곳에서는 수압에 의해 허파가 찌그러져 허파에 공간이 없어지기 때문이다.[97] 그래서 물개는 40미터보다 더 깊은 곳에서는 헤모글로빈과 미오글로빈을 유일한 산소 저장 장소로 이용하게 된다. 사실 헤모글로빈과 미오글로빈은 산소를 저장하고 사용하는 데 압력의 영향을 덜 받기 때문에 자신들의 역할을 충실하게 수행할 수 있다. 게다가 허파에 공기를 많이 채우는 것은 물속에서 불리하다. 왜냐하면 얕은 수심에서는 부력을 증가시키기 때문이다. 그래서 물개들은 오히려 허파의 크기를 체중에 비해 작게 유지할 뿐 아니라 잠수 바로 직전에 숨을 내쉬고 잠수하게 된다. 단순한 사고력을 동원한다면 이것은 아이러니이다. 잠수를 하는데 숨을 뱉고 하다니! 여하튼 물개는 이런 방식으로 허파의 부피를 더욱 줄이게 된다.

물개는 잠수하는 동안 필요한 산소를 충분히 저장하기 위해 혈액량이 많다. 그리고 헤모글로빈과 미오글로빈의 양도 많다. 사람이 체중의 7퍼센트가 혈액으로 이루어져 있다면, 웨델물개의 경우는 체중의 약 14퍼센트가 혈액으로 구성되어 있다. 만약 체중이 450킬로그램의 성장한 물개라면 약 60리터의 혈액을 가지고 있는 셈이다.[98] 또한 사람의 혈액에는 헤모글로빈으로 충만한 적혈구가 혈액량의 약 35~45퍼센트를 차지한다. 그러나 웨델물개는 적혈구의 농도가 잠수 전과 잠수하는 동안 달라지는 현상을 보인다. 잠수를 시작하기 전에는 35~40퍼센트의 적혈구 함량을 유지하다가, 잠수를 시작하고 나서 약 10~15분이 흐르면 적혈구 함량이 50퍼센트로 증가하고, 궁극적으로는 60퍼센트로 증가한다. 잠수가 끝나면 최대 65퍼센트까지 적혈구 농도가 증가하게 된다.[99] 물개가 잠수를 잘하는 것은 헤모글로빈의 기능이 여타 포유류와 다르기 때문이 아니라 헤모글로빈의 절대 수치가 증가하기 때문이다. 물개만의 특징이다.

그렇다면 산소로 충만한 이 적혈구들은 과연 어디에 있다가 나오는 것일까? 아마도 비장^{脾臟}일 것이라고 학자들은 예상하고 있다. 비장일 가능성이 가장 높아 보이는 이유는 추론에 필요한 몇 가지 간접적인 증거들이 존재하기 때문이다. 동물의 교감신경이 자극받으면 동물의 비장은 수축하는 것으로 알려져 있으며, 따라서 수축하는 과정에서 비장에 저장되어 있던 적혈구가 혈관 속으로 뿜어져 나가 혈관 속의 농도를 증가시킬 것이라는 가정이다. 말은 다른 동물들보다 비장이 큰데, 힘든 운동을 한 후에는 혈관 내로 비장의 적혈구를 방출하는 것으로 연구되었다.[100] 또한 웨델물개는 체중 대비 비장의 크기가 다른 포유류보다 상당히 큰 것으로 알려졌다.

이번에는 잠수하는 동안 물개의 혈류 분배에 대해 알아보자. 많은 과학자들은 오래 전부터 동물들이 잠수를 하면 서맥_{bradycardia; 평}

소에 비해 맥박수가 줄어드는 현상이 나타난다는 사실을 알고 있었다. 프랑스 생리학자인 베르Bert는 1870년에 오리가 잠수할 때 맥박이 느려지는 것을 처음으로 관찰했는데[101], 그 후 잠수하는 동안 나타나는 이러한 서맥 현상은 모든 포유류에서 나타나는 것으로 밝혀졌다. 물론 고래나 물개처럼 물속 환경에 적응한 동물에게 더 많이 나타나지만 사람도 여기에서 예외는 아니다. 잠수 중에 나타나는 서맥 현상은 일종의 잠수 반사 반응으로서 얼굴에 가해진 자극이 신경의 활성화를 불러일으키고 뇌가 호흡에 영향을 주며, 결과적으로 심장과 일부 동맥혈관을 수축시키게 된다.

심박수의 감소는 다시 심박출량을 감소시키게 되는데, 심박출량의 감소란 혈류의 공급이 제한적으로 바뀐다는 것이다. 즉 공급을 최소화하여 필요한 곳에만 공급하는 상황에 직면하는 것이다. 실험에 의하면 웨델물개는 물 밖에서 안정을 취하는 동안 1분당 약 20리터의 심박출량을 유지하다가, 잠수하는 동안에는 1분당 5리터로 줄어든다. 다시 수면으로 올라와 회복하는 동안 1분당 60리터까지 증가한다고 한다.[102] 무슨 의미일까? 이러한 변화는 혈류의 재분배나 혈류 공급의 감소를 의미한다. 잠수 중에 뇌, 망막, 척수 또는 몇몇 신경계 조직은 정상적인 혈류 공급을 받지만 다른 기관들은 혈액을 공급받지 못한다는 것이다. 혈액을 공급받는 기관과 조직은 잠수 활동에 필요한 최소한의 기능과 운동 활동을 도와주는 기관이다.

사람들은 어떨까? 물속에서의 압력 증가는 인간으로 하여금 분명히 물개와는 다른 생리적 반응을 보이도록 할 것이다. 먼저 물개처럼 한 번의 숨으로 잠수하는, 그러니까 우리가 아는 스킨다이빙skin diving을 전제로 한 인간의 잠수 한계를 이론적으로 살펴보자. 여러 가지 방법으로 인간의 잠수 한계를 설명할 수 있지만 여기에서는 폐용적의 관점에서 살펴보기로 한다. 폐용적에 대해 잠깐 알아보면 숨을 가장 많이 들이쉰 상태, 그러니까 허파가 수용할 수 있는 최대 공기 함유량 상태의 폐 크기를 총폐용적total lung volume이라고 한다. 그리고 최대한으로 내쉬었을 때, 더는 쥐어짤 수 없을 정도로 모든 공기를 내쉬었을 때 남아 있는 공기에 의한 폐 크기를 잔기량residual volume이라고 한다. 최대한으로 숨을 내쉬었음에도 허파에 공기가 남아 있는 이유는 해부학적으로 갈비뼈가 허파의 외부 철창살 역할을 하기 때문이다. 인간은 아무리 쥐어짜 내려 해도 허파 속의 모든 공기를 뿜어 낼 수는 없으며 이를 잔기량이라고 한다.

물속에 들어간 인간의 허파는 잔기량 수준까지 수축할 것이 분명하다. 그 이하로는 더 이상 줄어들지 않을 테니 말이다. 만약 그렇게 된다면 갈비뼈가 부러질 수도 있다. 따라서 잠수하는 동안 허파의 용적이 잔기량 수준에 다다르면 그 깊이가 최대한의 잠수 깊이가 될 것이다. 예를 들어 총폐용적이 6.0리터이고, 잔기량이 1.2리터인 사람은 보일의 법칙Boyle's Law에 의해 총폐용적이 잔기량 수준까지 줄어드는 깊이는 약 40미터 수심이라는 예측이 나온다. 즉 다시 말해 6.0/1.2=5.0이며, 이는 약 40미터 깊이에서 쭈그러든다는 것이다. 따라서 이론적으로 보면 대부분의 사람들이 안전한 수준에서 잠수할 수 있는 최대 깊이는 40미터인 셈이다.

그렇다면 정말로 인간의 잠수 한계는 40미터일까? 실제로는 이보다 더 깊은 곳까지 잠수하는 경우도 있다. 지금까지 스킨다이빙으로 세계신기록을 수립한 사람들은 이러한 이론적 한계를 뛰어넘어 더 깊은 곳까지 내려가고 있기 때문이다. 1983년 수심 100미터 기록을 돌파한 이래, 지금까지도 계속해서 수심 더 깊은 곳까지 내려가려는 노력이 계속되면서 해마다 그 기록이 깨지고 있다.

그렇다면 잠수를 자주 반복하는 사람은 보통 사람들과는 다른 잠수 반응을 보일까? 몇몇 증거들은 그 가능성 또는 적응 성향을 보여 주고 있다. 숨을 멈추고 잠수하는 것은 물리적·생리적 스트레스를 가중시키는데, 이러한 스트레스를 이겨내거나 극복하는 것이 관건이다. 물리적 스트레스란 잠수하는 동안 가해지는 수압의 증가와 다시 수면으로 부상하는 과정에서 급격하게 줄어드는 압력에 대한 스트레스를 들 수 있다. 이 외에도 탄산과잉증hypercapnia과 이에 동반되는 산-염기 균형acid-base balance의 조절, 저산소증hypoxia,

신체적 운동에 따른 스트레스, 그리고 체온 손실 등을 극복해야 한다. 경험이 많은 직업적인 잠수부들은 어떠한 적응 양상을 보일까?

먼저 허파의 기능적인 변화를 살펴보자. 조사에 따르면 잠수를 반복하는 미국 해군의 남자 잠수부들, 한국의 해녀들, 일본의 잠수부들의 폐활량이 상당히 높은 것으로 나타났다. 이렇게 폐활량이 커지는 것은 들숨(들이쉬는 숨)의 능력이 커지기 때문인 것 같다. 왜 들숨인가 하면, 수면에서 다음 잠수를 위해 머리를 내밀고 숨을 고르는 동안 가슴에 가해지는 수압에 대항하여 숨을 들이쉬어야 하는 과정에서 훈련이 된 것으로 보인다. 실제로 잠수부들은 수면에 머리만 내놓고 떠 있을 때 약 $-16mmHg$의 수압을 견디면서 숨을 들이쉬어야 한다. 여기에서 호흡에 대한 기능의 변화를 살펴보자. 호흡을 멈추고 잠수를 한다는 것은 혈중 이산화탄소뿐만 아니라 조직에도 이산화탄소의 농도가 계속 높게 남아 있음을 의미한다. 따라서 어쩔 수 없이 탄산과잉증을 겪게 되는데, 대부분의 다이버들은 보통 사람들이 탄산과잉증에 보이는 반응보다 둔감한 반응을 보였다고 한다. 잠수에서의 적응은 다양한 측면에서의 적응을 필요로 한다. 또한 오랜 시간에 걸친 적응이 필요하다. 마치 물개가 엄청난 시간 동안 적응하였듯이 말이다.

도마뱀과 물위를 달리기

어릴 때 친구들과 물위를 달리는 방법을 수수께끼로 내면 누군가 '한 발을 딛고 빠지기 전에 재빨리 다른 한 발을 내딛고, 또 이 발이 빠지기 전에 다른 한 발을 다시 디디면 된다'고 대답한 석이 있다. 아마 이런 이야기는 다들 한 번쯤 들어본 우스갯소리일 것이다. 물론 이 방법이 전혀 먹혀들지 않는다는 것을 잘 알면서도 우리는 웃고 넘어갔다. 수영모자를 쓴 수영선수들이 출발신호와 함께 물위를 달리는 장면을 묘사한 텔레비전 광고도 본 적이 있다. 해외 토픽에서 물위를 걷거나 달리는 기발한 아이디어들을 선보이는 대회도 종종 봐 왔다. 사람이 물위를 걷거나 달릴 수 있을까? 최소한 지금의 우리 지식 수준으로는 실현 불가능한 일로 보인다. 인간의 몸이 가벼운 소금쟁이도 아니고, 바람에 떨어지는 가을 낙엽도 아니기 때문이다. 물위에 떠 있기란 여간 어려워 보이지 않는다.

바실리스크 도마뱀basilisk lizard이 물위를 달릴 수 있는 능력이 있다는 것은 잘 알려진 사실이다. 이들은 방자하게도 사람들 눈에 띄지 않는 방법으로 교묘하게 물위를 달려간다. 두 뒷다리를 마치 풍차 돌리듯 돌리면서 뛰어가는 모습도 우스꽝스럽다. 이 도마뱀은 모기도 아니고 소금쟁이도 아닌데, 어떻게 그 장중한 체중을 물위로 띄울 수 있는 것일까? 소금쟁이라면 아주 가벼운 체중으로 물의 표면장력을 이용한다는 이유가 성립하지만 도마뱀의 무게는 이것보다 상당히 무거운 축에 속하지 않는가. 하버드 대학의 글래쉰 GLASHEEN 박사와 맥마흔MCMAHON 박사는 다음과 같이 바실리스크 도마뱀의 물위 달리기를 분석했다.[103] 이들에게는 3단계의 물위 달리기 전략이 있다고 한다.

때리고, 누르고, 빼고, 다시 때리고, 누르고, 빼는 식이다. 각 단계를 좀 더 자세히 살펴보면 바실리스크 도마뱀의 물위 달리기는 도마뱀이 공기 중에서 다리를 스윙하며 발로 수면을 때리는 것부터 시작한다. 그리고 수면을 때린 후 물을 누르게 된다. 물을 누르는 동안 도마뱀의 발이 지나간 통로에 공기주머니가 만들어지고, 도마뱀이 누르면서 이 공기주머니는 더욱 물속 깊이 형성된다. 누름의 마지막 단계에서 도마뱀은 형성된 공기주머니 안에서 발을 잡아당겨 빼게 된다. 그리고 다음 발걸음을 위해 다시 스윙 자세를 준비하게 된다. 이 연속 동작은 두발이 번갈아가면서 이루어져서 빠지려는 몸체를 계속해서 지탱해 준다. 바실리스크 도마뱀은 물을 치면서 자기 무게를 지탱하는 것이 아니라 물을 눌러줌으로써 그 다리 밑으로 형성된 밀폐된 공기주머니가 몸이 빠지는 것을 막아 주는 것이다. 마지막 순간에 공기의 부력에 신세를 지며 달려가는 격이다. 만약 그 공기주머니가 무너지거나 뭉그러지면 이 도마뱀도 잠수 신세를 면치 못하게 된다.

이 과정을 통해 이론적으로 2그램의 어린 도마뱀은 체중의 2배 이상까지 떠받치는 힘을 발휘한다는 것을 알 수 있다.[104] 어린 도마뱀은 물위 달리기를 물속에서부터 출발 가능하며 물위로 늘어진 가지에서 물로 뛰어들어 물위 달리기를 시작하거나 다른 어린 도마뱀을 이고 달릴 수 있다. 반면 체중이 200그램 이상으로 성장한 도마뱀은 물위 달리기를 가까스로 유지할 수 있다.

그러면 사람은 물위를 달릴 수 있을까? 최소한 우리가 어릴 때 말하던 한 발 빠지기 전에 재빨리 다른 발 딛기를 하는 방법을 이용하면 어떨까? 글래쉰과 맥마흔 교수의 계산에 의하면 불가능한 것이 확실하다. 획기적인 기계장치를 이용하지 않는 한 말이다. 발바닥의 반지름이 0.1미터, 다리 길이가 1미터인 체중 80킬로그램의 사람이 단거리 달리기를 할 때 다리가 발휘하는 힘으로 물위를 달린다면, 발이 물을 누르는 동안 다리 길이의 반 정도가 물속으로 들어가게 될 것이고, 이때 발이 물을 누르는 속도는 초속 30미터가 유지되어야 한다. 이는 인간이 발휘할 수 있는 능력을 넘어서는 수준이며, 이 정도의 누르는 속도를 내려면 현재 최대 힘 방출량의 약 15배 이상의 힘이 작용해야 한다. 도마뱀이 물을 누르는 동안 발 아래의 공기주머니를 이용하는 것처럼 인간도 공기의 반동 작용을 이용해야만 물위를 달릴 수 있는데, 그러려면 지금 우리가 아는 인간의 발동작으로는 언감생심이라는 얘기다. 적응 잘하는 인간이 왜 물위 달리기를 꿈꾸지 않았겠는가? 우리의 조상인 인간사냥꾼들도 분명 먹잇감을 쫓아 물위를 달리고 싶어했을 것이다. 그러나 곧 그 시도가 허무맹랑한 짓임을 깨달았을 것이다. 물리적으로 이 것만큼은 힘들기 때문이다.

생명 연장의 꿈

살아 있는 금붕어를 질소 냉각하여 하얗고 뻣뻣하게 언 상태로 만들어 버린다. 잘못 다루다 떨어뜨리기라도 한다면 유리처럼 산 산이 부서져 버릴 것만 같다. 그런데 이 얼어 버린 가여운 금붕어를 물속에서 천천히 녹이면 언제 그랬느냐는 듯이 천연덕스럽게 다시 수영을 하며 돌아다닌다. 이 장면을 보면서 사람도 저럴 수 있지 않을까 하고 한 번쯤은 생각해 보았을 것이다. 공상 과학 영화나 판타지 소설을 보면 사람을 동면시키는 장면이 적지 않게 등장한다. 여기에서 동면이란 금붕어처럼 완전하게 얼려 버리는 상태라기보다, 생명의 활기를 중지시키거나 생명 유지를 위해 진행되는 모든 과정의 속도를 늦추는 것을 뜻한다. 학계에서는 이를 활성중단 suspended animation이라고 하는데, 픽션에서는 오랜 기간 우주여행을 하거나 지구환경의 변화로 인해 불가피하게 동면에 들어갔다가 미래에 다시 활동하게 만드는 경우에 자주 등장하는 방법이다. 이런 일이 생물학적으로 가능할까? 인간을 대상으로 한다면 아직 요원

해 보인다.

지금까지 개발된 인간의 기술로는 인간의 생기, 또는 활성 상태를 인위적으로 바꾸기란, 그러니까 인간 생명의 진행 과정을 중단시키거나 천천히 진행되도록 하는 것은 그리 간단해 보이지 않는다. 특히 동물의 생기, 또는 활성 정도를 조정하는 것이 산소인데 이 산소의 사용과 사용량, 그리고 사용의 효율성을 조작하기가 쉽지 않기 때문이다. 원리는 이렇다. 활기차다는 것은 많이 움직이고 많은 에너지를 사용한다는 것이며, 이는 다시 많은 산소를 사용한다는 뜻이다. 반대로 활성의 정지 상태는 바로 이 산소 사용의 급감을 말한다. 그래서 산소의 사용을 줄이면서도 세포가 살아갈 수만 있다면 동물은 대사를 천천히 진행할 수 있을 것이다.

산소는 동물의 몸속에서 어떤 일을 할까? 산소는 세포 안에서 음식이라는 화학에너지를 기타 열에너지나 운동에너지로 변환시키는 것을 도와준다. 우리가 불을 지필 때 산소가 필요한 것처럼, 동물의 몸속에서도 산소는 불을 지피는 데 사용된다. 동물의 몸이 마치 불을 지피는 난로와 같다고 생각하면 이해하기 쉽다. 불을 활활 지피면 더 많은 열과 에너지를 생산하고, 연료가 적게 타거나 덜 타면 열이 덜 발생하게 되는 이치와 같다.

그렇다면 산소는 많이 사용할수록 좋을까? 꼭 그렇지만은 않아 보인다. 휘발성의 폭발 성질을 가진 산소를 사용하는 데는 일정한 대가를 치러야 한다. 산소 사용의 이면에는 어쩔 수 없는 부작용이 따르게 된다. 산소를 이용한 대사는 라디칼 산소종radical oxygen species 혹은 자유라디칼free radical이라고 하는 분자를 생산하게 된다. 자유라디칼은 세포를 망가뜨리며 노화의 주된 요인이다. 산소의 독성은 얼마나 심할까? 밀폐된 방안에서 100퍼센트 산소만을 호흡한 쥐들은 3~4일 이내에 죽게 된다. 갓 태어난 신생아에게 인공호흡기를 사용해 한꺼번에 너무 많은 산소를 공급하면 심각한 육체적 손상을 입을 수도 있다. 그래서 산소는 마치 로켓의 연료와도 같다. 로켓의 연료는 로켓을 달로 보내기도 하지만, 너무 빠르게 사용하면 타 버릴 수도 있다. 그러니까 산소의 사용이 줄어들면 그만큼 대사량이 줄고, 결과적으로 내부적으로 생명의 진행 속도를 늦출 수 있다. 많이 쓰면 많이 쓰는 만큼, 적게 쓰면 적게 쓰는 만큼 장단점이 존재하는 것이다.

사람은 산소를 사용하면서 자유라디칼에 의해 노화가 촉진되는데, 이 노화의 요인을 감소시킬 방법이 있을지 생각해 보자. 일단 포유류는 항온동물이고 체온이 일정하게 유지되는 조건에서는 지속적으로 그 에너지대사를 유지하기 위해 산소를 소비할 수밖에 없다. 만약 항온동물이지만 체온을 떨어뜨려서 산소 사용량을 줄일 수만 있다면, 산소 사용으로 발생하는 유해 물질의 생산을 줄일 수 있지 않을까? 여기에서 재미있는 최근의 연구 결과를 한 가지 소개하기로 한다. 이 연구는 포유류의 체온을 변화시켜 대사량을 줄였다가 나중에 다시 회복하는 과정을 연구한 것이다.

우리의 몸은 수소황화물hydrogen sulfide이라는 물질을 만든다. 이 물질은 보통 세포 내에서 산소가 머무는 공간을 차지하고 있으며, 따라서 산소의 사용량을 조절할지도 모를 가능성이 있다. 시애틀에 있는 프레드 허친슨 암연구 센터Fred Hutchinson Cancer Research Center의 로스Roth 박사는 수소황화물로 꽉 찬 실험실에 생쥐를 넣었다. 이들을 관찰해 보니 분당 120회였던 생쥐의 호흡이 10회로 줄었다. 더불어 산소 사용량은 10배나 줄었으며, 체온은 섭씨 4.5도까지 떨어졌다. 6시간 후에 신선한 공기를 주입하자 생쥐는 다시 따스해지고 정상으로 돌아왔다.[105] 로스 박사는 이 실험에 대해 "우리는 포유류를 파충류로 만들었다가 다시 돌아오게 했다."라고 말한다.

이 연구 결과가 어느 지점과 연결될 수 있을까? 아마 기증받은 신체 일부가 수술에 들어가기 전에 장시간 저장될 수 있을 것이고, 수술시간도 연장시킬 가능성이 있다. 또한 전장에서 부상당한 병사나 교통사고 부상자가 병원으로 이송되는 동안 상처가 더 상하지 않고 오랜 시간 유지되도록 할 수도 있을 것이다. 그러나 아직은 넘어야 할 산이 적지 않아 보인다. 자연 상태에서의 장기 보존과 인위적인 장기 보존이 원천적으로 다른 양상을 보이기 때문이다. 예를 들어 동면에 들어간 땅다람쥐ground squirrel의 신장을 이식한 경우와 정상적인 체온의 다람쥐나 쥐, 또는 토끼의 신장을 이식한 경우에 전자의 신장이 3일 이상을 더 지내고도 정상적으로 이식되었기 때문이다. 다시 말해 인위적으로 온도를 떨어뜨린 장기와 자연적인 동면 상태를 위해 체온을 낮춘 장기 사이의 재활 가능성이 다르다는 것이다.

이 책을 읽는 독자라면 사람도 겨울잠을 잘 수 있을지 한 번쯤 생각해 보았을 것이다. 물론 나도 심각하게 이런 생각을 해 본 적이 있다. 그 궁금증도 풀 겸 이번에는 겨울잠을 자는 동물의 겨울잠 비결을 엿보기로 하자.

북반구에 서식하는 다양한 양서류는 매년 겨울이면 수개월씩 얼음으로 뒤덮인 작은 연못이나 호수에 잠겨 있게 된다. 얼음이나 눈은 대기 중의 산소가 물속으로 확산하는 것을 막고 광합성을 위한 빛의 통과를 방해한다. 그래서 겨울 연못의 얼음 밑에 사는 동물들은 종종 자신들에게 필요한 산소를 충분히 얻지 못하기도 한다. 또한 얼음 밑의 밀폐된 물속 환경은 깊이에 따라 온도와 산소 함량에 따른 연속된 층을 단계적으로 형성한다. 깊은 곳은 따스하지만 산소 함량이 적고, 얕은 쪽은 차갑지만 산소 함량이 높다. 동물들은 이러한 물속 환경에서 어떻게 살아남는 방법을 찾아냈을까?

지금까지 잘 알려지지 않은 사실은, 깊이에 따라 온도와 산소 함량이 달라지는 얼음 밑 환경에서의 동물들의 행위적 · 생리적 반응이다. 동물들은 층화된 좁은 활동 공간 내에서 이리저리 옮겨다니며 체온을 조절해야 한다. 얼음 밑에 갇혀 있으면 동물들은 추위와 산소 결핍을 동시에 감내해야 하므로, 원생동물protozoan에서 포유류에 이르기까지 많은 동물들은 '행위적 저체온증behavioural hypothermia'을 발달시켰다. 행위적 저체온증이란 주위에 산소가 없으면 더 추운 곳으로 이동한다는 것이다. 그래서 공기호흡을 하는 대부분의 양서류와 파충류는 저산소증에 적응하기 위해 저체온과 같은 생리적 반응을 보이는 것이다.[106]

  겨우내 개구리는 얼음물 속에서 에너지를 가장 효율적으로 사용하도록 적응해야 한다. 개구리들은 이른 겨울에는 산소가 충분하지는 않지만 따스하고 깊은 물로 들어간다. 그러다가 깊은 물속의 산소가 고갈되면, 이들은 춥지만 얕은 쪽으로 천천히 이동하게 된다. 겨울이 끝나가면서 개구리들은 가장 춥지만 산소로 충만한 얼음 바로 밑까지 이동해 있게 된다.[107] 깊은 물속은 자신과 온도가 유사하지만 산소가 없으므로 체온을 낮추는 한이 있더라도 산소가 많은 곳으로 이동하는 것이다. 이렇듯 체온을 낮춤으로써 대사량을 줄이는 강력한 행위가 효율적인 에너지 사용을 위한 자구책이 되는 것이다. 이와 함께 같은 체온을 유지하면서도 '대사 저하metabolic depression' 상태를 유지하는 전략도 강구한다. 개구리가 겨울잠을 잔다고 누가 말했는가? 이들은 살아남고자 겨울 동안 또 다른 투쟁을 하고 있는 것이다. 단지 우리의 눈에 띄지 않을 뿐이다. 어릴 때 시골에서 개구리를 잡아먹던 추억에 잠시 미안함을 느낀다.

너무 개구리 이야기만 했나 보다. 그럼 포유류는 어떨까? 이들 체온의 특징을 먼저 설명하면 포유류와 조류는 광범위한 환경에서 일정하게 섭씨 37도를 유지해야 하는, 그리고 그렇게 할 수 있는 동물들이다. 이 동물들이 이렇게 따스한 체온을 유지할 수 있는 이유는 다름 아닌 높은 대사량을 유지할 수 있기 때문이다. 이들은 안정 시에도 많은 양의 열을 생산하며, 빠른 대사를 진행할 수 있는 항온동물tachymetabolic endotherm이다. 추위 환경에서도 아무 문제 없다. 자신들의 체온을 원하는 수준으로 유지하기 위해 손실되는 체열량에 비례해 자신들의 열 생산량을 증가시킬 수 있기 때문이다. 항온동물의 장점은 남극의 새들이나 스피츠 베르겐Spitz bergen의 순록처럼 기온이 빙점 이하로 떨어지는 곳에서도 살아남을 수 있다는 것이다.

장점만 있는 것이 아니라 단점도 있다. 항온동물의 이러한 생리적 · 생태적 이점은 높은 에너지 비용이라는 대가를 치러야 한다. 같은 체구의 변온동물과 항온동물이 같은 체온을 유지한다고 가정하면, 항온동물의 에너지 비용은 변온동물의 약 8배 이상을 필요로 한다고 한다.[11] 추위에서는 이 차이가 더 벌어져 심지어 그보다 2배 이상 커지기도 한다. 이를 위해 항온동물은 살아가는 동안 지속적으로 많은 음식을 먹어야 하며, 섭취된 에너지는 체열로 전환되어 몸 밖으로 소실된다. 반대로 변온동물은 이보다 상당히 적은 음식을 필요로 하고, 음식의 많은 부분을 자신들의 성장과 생식 기능에 투자할 수 있다.

그렇다면 포유류에게 가수면 상태topoid states나 동면hibernation이 존재할까? 물론 존재한다. 다람쥐가 그러하고, 곰도 겨울잠을 잔다는 것을 잘 알고 있다. 동면뿐 아니라 포유류에도 일일휴면daily torpor, 하루 사이클의 저대사 현상이 있다. 포유류는 빠른 대사의 항온동물로 여겨지지만 일정 기간 저대사증hypometabolism을 보이기도 한다. 비록 동면보다 폭은 작지만 저대사증은 규칙적으로 24시간의 리듬을 유지하면서 활동과 안정을 번갈아가며 나타내는 것이다. 그렇다면 이 동물들은 왜 일일휴면과 동면을 하는 것일까? 아마도 일일휴면과 동면이 에너지 소비를 줄이는 가장 강력한 방법이기 때문인 것 같다. 이러한 가수면 상태에 들어가면 대사량은 보통 체온euthermic을 유지하는 데 필요한 수준 이하로 떨어지고, 이와 동시에 호흡량과 심박수도 떨어진다. 체온도 천천히 떨어져 주위 온도와 비슷한 수준까지 떨어지며, 깊은 일일휴면에서는 체온과 대사량이 저체온과 저대사 수준으로 떨어지게 된다. 그리고 때가 되면 가수면 상태는 각성arousal에 의해 끝나며, 이때 대사량은 순간적으로 정상 수준으로 다시 돌아오게 되고, 폭발적인 열 생산에 의해 정상 체온으로 돌아오게 된다.

대부분 포유류의 안정 시 대사량은 활동 시 대사량보다 약 20퍼센트 감소한다. 이러한 소폭의 일주기 저대사증은 종종 심부온도를 평소 온도에서 섭씨 0.5~2도 정도 떨어뜨린다. 새는 이러한 반응이 더 두드러져, 소폭의 일일주기 저대사증은 대사량을 30퍼센트까지 감소시켜 체온을 평소 온도에서 섭씨 4도 정도 떨어뜨린다.[108] 그런데 이러한 일일휴면과 겨울잠, 심지어 여름잠estivation, 여름철에 수면에 들어가는 현상까지, 우리의 짧은 소견으로는 숨어서 잠을 자야 하거나 먹이도 없고 추위를 견뎌야 하는 동물들이 고육지책으로 찾아낸 방법이라 생각하기 쉽다. 그러나 그렇지 않다. 왜냐하면 동면과 일일휴면은 온대와 열대 환경에 사는 작은 동물들에게도 볼 수 있기 때문이다. 그러니까 이러한 행위가 단지 추위에 대한 방어만을 의미하는 것은 아니라는 뜻이다. 대신 저대사증의 일반적인 목적은 에너지 공급의 계절적 어려움이나 시간적 제한에 대처하려는 수단인 것으로 보인다.

특히 작은 포유류에서 이러한 일일휴면과 동면이 자주 나타나는데, 그 이유는 에너지 절약이라는 측면에서 큰 체구의 동물들보다 극단적으로 효율성이 높기 때문이다. 그 효율성이란 다음과 같다. 동면중에 필요한 최소한의 대사율은 체구에 따라 다르지 않다. 체구가 크건 작건 동면하는 모든 동물들은 약 $0.03mL \cdot O_2/g/hr$ 의 일정한 대사율을 보인다.

그러나 이 동물들이 정상 체온일 때는 기초대사율이 다른 양상을 보인다. 즉 정상 체온에서 체중이 많이 나가는 동물일수록 체중당 기초대사량은 적다. 그러니까 정상 체온에서 동면 상태로 들어갈 때 대사율의 감소폭은 작은 동물일수록 크게 나타난다. 동면을 한다면 에너지 절약 면에서 체중이 적게 나갈수록 더 큰 이득을 볼 수 있다. 큰 동물들은 동면을 하더라도 절약할 수 있는 에너지의 양이 그리 많지 않다. 실제로 작은 동물은 정상 체온 대비 동면중 대사율이 100분의 1에 해당하기도 한다. 그래서인지 동면은 대부분 작은 포유류에서 자주 관찰되며, 마멋marmot이나 곰처럼 큰 동물들에게서는 상당히 드물게 나타난다. 이러한 현상은 일일휴면에서도 잘 나타나는데, 일일휴면으로 대사율의 감소가 크게 나타나지는 않지만 체중이 200그램 이하인 포유류에서 자주 관찰되는 이유도 여기에 있다.

이번에는 동면하는 동안 사용되는 에너지를 살펴보자. 개구리들은 동면에 들어가기 전에 그해 겨울을 보낼 수 있을 만큼의 지방을 축적하고 탄수화물을 저장하는데, 동면에 들어가면 바로 이 에너지원들을 사용하게 된다. 오랜 시간 동안 아무것도 먹지 않으면서 한정된 저장 에너지를 사용하는 것은, 사느냐 죽느냐 하는 문제와 함께 동면에서 깨어난 후에 어떠한 체력을 유지할 수 있는지와 직결된 중요한 문제이다. 겨울이 혹독하다면 문제는 더욱 심각해진다. 예를 들어 산소가 급속히 감소하는 동안 대사 에너지원의 절약 방법을 찾아야만 하는 것이다. 섭씨 3도에서 개구리가 사용하는 산소의 양과 축적 가능한 최대 에너지 양을 근거로 계산해 보면[106], 겨울 동안 유산소 대사를 위해 보충되는 에너지원은 중성지방 triglyceride이 글리코겐glycogen보다 최소 2배 이상의 잠재력을 가진다고 한다. 또한 동면하는 개구리들의 유산소성 대사 능력은, 섭씨 3도에서 공기 중에서 안정을 취하는 동물들의 대사율에 비해 50퍼센트까지 줄일 수 있다고 한다.[109] 심지어 산소가 결핍된 환경에 노출된 경우와 비교한다면 75퍼센트까지 줄일 수 있다고 한다.[110] 요약하자면 추위가 심해지고 산소의 양이 줄어들면 산소 소비량을 줄임으로써 저장된 에너지를 널 사용하고, 결과적으로 에너지 소비량을 2~3배까지 줄일 수 있다는 것이다. 사실 동면중에 사용하기 위해 저장하는 지방과 간의 글리코겐 양을 동면 전의 상태와 비교하면, 단지 몇 개월이면 모두 소비될 정도의 양에 불과하다고 한다. 그러니 동면중에 대사량을 줄이는 것이 얼마나 중요할지 짐작이 간다.

포유류의 경우 동면중에 절약하는 에너지 양은 동면 전과 비교해 평균 약 90퍼센트까지 줄일 수 있으며, 최대 98퍼센트까지도 줄일 수 있다는 발표도 있다.[111] 아마도 이 최대한의 에너지 보존 수치는 단지 작은 포유류에서만 가능할 것이다. 동면을 준비하는 동안, 대부분의 작은 포유류는 지질lipid을 축적하는데 이 양은 체중의 약 20~30퍼센트에 달한다. 다람쥐처럼 300그램 정도인 동면동물은 최대 지질 저장량을 90그램까지 유지한다. 평소 이 동물이 정상 체온을 유지하기 위한 하루 안정 시 에너지 필요량은 138칼로리줄K · Joule이며, 이는 하루에 3.5그램의 지질을 연소시키는 것과 같다. 만약 에너지 필요량이 동면중에 90퍼센트까지 감소한다면 축적된 지질의 양으로 257일을 동면할 수 있다는 계산이 나온다. 지방이 장기적인 에너지 공급원으로는 제격인 셈이다.

최소한 인간이 동면에 들어갈 수는 없을지라도, 사실 그럴 필요도 없지만, 포유류의 동면이라는 매력적인 사건은 인간의 삶에도 충분히 가치 있는 모델로 사용될 수 있을 것으로 보인다. 체중 조절에 관한 정보를 이끌어낼 수도 있을 것이다. 예를 들어 동면에 들어가기 전에 상당한 양의 지방을 축적하는데, 갑작스럽게 체중을 불릴 수 있다는 것은 몸속에서 체중을 조절하는 기능, 즉 렙틴leptin과 같은 지방 조절 호르몬이 체중 증가를 눈감아 주고 있기 때문이다.[112] 만약 평소에는 체중을 철저히 감시하는 그 어떤 기능이 동면 전에만 이것을 용서한다면, 우리는 체중 조절의 메커니즘을 밝혀낼 수 있을 것이다. 단순히 기능 손상에 의한 지방 축적인지, 아니면 겨울잠 자기 전의 지방 축적인지에 대한 비밀을 풀 수 있다.

체온 변화의 활용 방도는 또 있다. 오랫동안 체온 감소는 사고나 수술로 생긴 외상으로부터 몸을 보호하는 기능을 하는 것으로 알려져 왔다. 심지어 수술중 약간의 체온 하락은 수술 후 올 수 있는 조직의 스트레스에 대한 내성을 향상시킨다고까지 한다. 심장마비 후 재환류reperfusion 동안 체온 강하는 심장 기능의 회복에 도움을 주는 것으로 알려져 있다. 체온이 떨어진 상태가 어떻게 이런 이점을 주는지는 서서히 밝혀지고 있는데, 앞으로 이 방법의 활성화에 귀추가 주목된다.

이뿐만이 아니다. 장기간 동면을 하게 되면 사용하지 않은 근육의 근위축atrophy은 당연한 결과일 것이다. 이는 설치류나 인간 모두에게서 나타나는 현상이다. 동면중에 땅다람쥐나 박쥐의 골격근 양은 약 14~65퍼센트까지 감소한다고 한다. 그러나 이들의 근육에서 산화효소의 수치는 변화가 없었다고 한다.[113] 흑곰의 경우는 더욱 놀랍다. 골격근의 수와 크기에서 동면 전과 후에 차이가 없었으며, 근육의 산화 능력은 완전하게 보존되어 있었다고 한다. 흑곰은 자신의 겨울 잠자리에서 5~7개월을 보내는데, 그동안 이들의 체온은 정상 수준에서 약 4도 정도 떨어지며, 먹거나 마시거나 방뇨하거나 배설하지 않고 움직임도 거의 없다. 그러나 겨울 잠자리에서 130일 동안 동면하는 중에도 흑곰의 근력은 약 23퍼센트만 감소했다고 한다.[114] 만약 사람이 같은 기간 동면을 한다면 근력의 감소량은 90퍼센트에 달할 것으로 예측된다.

어떻게 이러한 것이 가능할까? 한 달만 깁스를 해도 오른쪽 다리와 왼쪽 다리의 두께 차이가 눈으로 구분될 정도인데 말이다. 가설은 이렇다. 동면처럼 일시적으로 근육을 사용하지 않음으로써 나타나는 근단백질과 근력의 손실은, 다른 유형의 단백질로부터 재보충되어 보존된다는 것이다. 예를 들어 요소urea의 질소를 재활용함으로써 단백질을 재합성하거나, 또는 근육을 주기적으로 자극함으로써 가능하다는 것이다. 그래서 동면하는 곰은 요소의 질소에서 새로운 아미노산과 단백질을 얻어 새로 합성함으로써 근력을 보존하거나, 또는 떨기와 등척성 근수축을 통해 겨울을 나거나, 내장 횡문근이나 세포외 바탕질extracellular matrix에 존재하는 불안정한 여분의 단백질을 이용하여 가능하다는 것이다.

장기간의 동면에도 근위축을 최소화하고 근력을 유지할 수 있다는 것은 인간에게 상당히 매력적으로 보인다. 만약 이러한 현상을 인간에게 적용할 수 있다면 근육장애를 앓는 환자, 장기간 병원 침대에 누워 있어야 하는 사람, 장기간 우주여행을 해야 하는 사람들은 더 이상 회복이나 귀환 후의 자기 모습을 걱정하지 않아도 될 것이다.

전 세계 동물들을 몽땅 모아 놓고 동물올림픽을 개최한다고 가정해 보자. 자신하건대 사람이 타의 추종을 불허하면서 일 등을 차지한다는 것에 나는 전부를 걸 수 있다. 단거리 달리기도 그리 뒤지지 않고, 오래 달리기인 장거리에서는 단연 선두 그룹에 진을 칠 것이다.

공부를 하다 보면 참으로 많은 것을 알게 되고, 새삼 깨닫기도 한다. 아는 것과 깨닫는 것은 몰랐던 것에 접근하여 인간의 이해력을 풍부하게 한다는 공통점이 있다. 발견의 과정을 거쳐 알게 되는 것과 달리 깨닫는다는 것은 자신의 경험과 통찰력을 바탕으로 한 인식의 변화를 필요로 한다. 인간의 능력은 어디까지인가에 의문을 품고 공부하던 나는, 이 주제에 대해 알게 된 그 어떤 내용보다 공부하면서 깨닫게 된 내 자신의 변화에 대해 더욱 감사한다. 이 책을 읽는 독자들도 그러하기 바란다.

인간 능력의 한계를 공부하고 평가하다 보면 참으로 많은 의문점 들이 생긴다. 언제부터 어떠한 계기와 방법으로 그러한 능력을 지니게 되었는가에 대한 의문부터 정말 가능할 것인가에 대한 의문까지 다양하다. 이 모든 의문에 대한 답을 단번에 찾기는 어려워 보인다. 그러나 찬찬히 살피다 보면 우리가 모르고 있던 능력을 성취할 수 있는가에 대한 의문들이 단지 의문에 그치지 않아도 될 것임을 깨닫는다. 인간의 능력은 활짝 열려 있다.

　잠깐 동물의 능력을 생각해 보자. 많은 동물들은 사람보다 월등한 능력을 보유하고 있다. 치타는 육상에서 가장 빠른 동물로 알려져 있다. 사람의 달리기 속도는 그 근처에도 못 간다. 사람 체구와 비슷한 돌고래는 수면 아래에서 가장 빠르게 움직이는 포유동물이다. 이 역시 사람의 수영 능력으로는 따라가지 못한다. 코끼리는 장사다. 워낙 체구가 크니 두말해 봐야 무슨 소용이 있겠는가. 사람 십수 명이 모여도 그 힘을 당하지 못한다. 원숭이의 나무타기는 어느 동물보다 안전하고 유연하다. 사람이 나무를 타며 살아야 한다면 먼저 체중부터 줄여야 할 것이다. 사람은 날개가 없으니 날 수 없다는 사실은 누구나 안다. 이번에는 반대로 생각해 보자. 치타는 단거리 달리기에서는 동물의 왕이지만 장거리를 달려야 한다면 이야기가 달라진다. 장거리 경기를 한다면 치타는 사람 뒤꽁무니나 쳐다보고 있어야 한다. 돌고래는 물 밖에서는 움직이는 것은 고사하고 꿈쩍도 할 수 없다. 코끼리가 힘은 장사이지만 물건을 들고 이동시키는 데에는 그다지 효율적이지 못하다. 근육의 힘 조절도 정교하지 않다. 원숭이는 사람과 비슷하지만 사람만큼의 힘을 발휘하지는 못한다. 새들은 날 수 있지만 육상에서 뛰지는 못한다.

전 세계 동물들을 몽땅 모아 놓고 동물올림픽을 개최한다고 가정해 보자. 자신하건대 사람이 타의 추종을 불허하면서 일 등을 차지한다는 것에 나는 전부를 걸 수 있다. 단거리 달리기도 그리 뒤지지 않고, 오래 달리기인 장거리에서는 단연 선두 그룹에 진을 칠 것이다. 물건을 들고 이동하고 운반하는 데 있어서도 손을 사용할 수 있으니 유리하다. 돌고래보다는 못해도 대부분의 육상동물들에 비해 사람의 수영 실력은 알아주는 정도이다. 연비도 좋으니 적은 에너지를 섭취하고 장시간 힘을 발휘할 수 있어서 인간보다 덩치가 큰 많은 동물에 비해서 유리한 조건이다. 더구나 인간은 무엇이든 먹어치울 수 있는 잡식성 동물이다. 많은 동물들이 인간보다 우수한 능력을 가지고 있다고 알려져 있지만, 이는 특정한 한 기능에 초점을 맞추었을 때뿐이다. 그래서 한 기능만을 강조하면 사람보다 동물들이 더 우세해 보인다. 그러나 다양한 능력을 종합적으로 평가하자면 인간만큼 지구에서 우수한 능력을 모두 골고루 갖춘 동물은 찾아보기 힘들다. 여기에서 말하는 모든 능력이란 인간의 두뇌 능력을 제외한 신체적 능력만 가리키는 것이니 두뇌 능력까지 가세한다면 게임은 끝난 것이나 다름없다. 결국 지구 최고의 올 어라운드 플레이어all around player는 인간이 될 수밖에 없다.

인간은 어쩌다 이러한 올 어라운드 능력을 가지게 되었을까? 아마도 인간은 다른 동물들처럼 육체적 필요성에만 의존하여 진화하지 않았기 때문일 것이다. 인간의 육체적 진화와 능력의 소유는 육체적 필요성에 추가적으로, 아니면 더욱 중요하게도, 인지적 필요성을 첨부하였기 때문이 아닐까 추정해 본다. 우리의 인지적 요구가 육체적 발달을 더욱 떠밀었을 것이라는 가정이다.

그렇다면 인간의 능력은 무궁무진할까? 아마도 무한정은 아닐 것이다. 먼저 그렇지 않을 것과 무궁무진할 것으로 나눌 필요가 있겠다. 대략적으로 능력에 한계를 나타낼 수밖에 없는 이유는 물리적으로 불가능하기 때문이다. 반대로 무궁무진한 발전 가능성을 가진 능력은 생리적으로 가능할 것으로 구분되기 때문이다. 불가능할 것을 예로 들면 바로 이런 것들이다. 물위를 달리는 것. 앞서 소개했듯이 인간의 몸무게는 물에 빠지지 않고 수면 위에서 몸을 지탱하기란 거의 불가능하다. 또한 물리적으로 인간의 발동작이 물에 빠지지 않을 만큼 빠르게 움직일 수는 더더욱 없다. 또 다른 예로는 하늘을 나는 능력이다. 공기의 부력을 받기에는 사람의 체중이 너무 무거운 데다 부력을 형성해 줄 날개도 없기 때문이다. 더욱이 인간은 그들의 진화 과정에서 날아본 적이 없다. 물리적 제한으로 인해 인간이 도달할 수 없는 능력은 또 있다. 사람은 공기가 희박한 곳에서 살 수 없으며 물속에서도 살 수 없다. 인간의 허파는 해수면의 공기 압력에서 원활하게 작동하도록 적응되었으며, 세포에 산소를 공급하는 방법도 혈액의 헤모글로빈을 통해야 가능하다. 포유류의 허파를 가지고는 이러한 환경에서 살아갈 방도가 없는 것이다.

이번에는 무궁무진한 개발 가능성이 엿보이는 것을 몇 가지 알아보자. 우선적으로 떠오르는 것은 바로 지구성 능력이다. 인간의 시구성 능력은 어쩌면 새로 개발하는 능력이라기보다는 잠시 잃고 있었던 것을 되찾는 것일 수도 있다. 가끔 사막 경주 중의 하나로 며칠 동안 달리기를 하는 마라토너들을 볼 수 있다. 이들의 이러한 능력은 대부분의 사람들 유전자 속에도 깊숙이 각인되어 있을 것이 자명하기 때문이다. 잃었던 능력 중의 대표적인 또 다른 하나는 추위 적응 능력이다. 이미 의복과 따스한 주거 환경으로 인해 추위 적응 능력을 거의 잃어버렸지만 이는 인간이 가진 최대의 기능이라 생각된다. 근육의 발달 가능성도 인간의 우수한 능력 중의 하나이다. 근육의 능력이란 힘을 발휘하는 능력일 수도 있으며 지구력일 수도 있고 근육의 크기일 수도 있다. 더불어 인간의 잠수 능력은 우리가 알고 있는 그것보다 훨씬 더 월등할 것으로 기대한다. 최소한 몇 분 이상 충분히 숨을 참고 큰 부담 없이 시간을 보낼 수 있기 때문이다. 이러한 능력들의 발전 가능성을 지적할 수 있는 이유는 이 기능들이 물리적으로 제한받는 것들이 아니기 때문이다. 오히려 생리적 한계에 불과하므로 생리적 기능은 충분히 바뀔 수 있다고 생각한다.

생리적 기능이 바뀔 수 있음을 감히 이야기할 수 있는 이유는 인간의 경우 이미 여러 가지 증거가 있기 때문이다. 다른 식으로 표현하자면 인간의 인체 능력은 훈련과 적응으로 조절 가능한 부분도 있기 때문이다. 예를 들어 인간은 오줌과 똥을 참았다가 원하는 시점에 배설할 수 있다. 사실 오줌보와 항문 괄약근의 조절은 자율신경계에 의해 지배받는다. 그러므로 원칙적으로는 인간이 배설을 조절한다는 것은 불가능한 일이다. 어린 아이들이 똥, 오줌을 가리는 데 꽤 많은 시간이 걸리는 이유도 바로 이 때문이다. 그런데 인간은 완벽하지는 않지만 이 기능을 조절하고 있다. 아마도 사회적 요구가 작용하고 부모들이 이 기능을 조절하도록 강요하는 한편, 후천적 훈련이 가능하도록 인간이 진화했기 때문이다. 여하튼 동물 중에 똥오줌을 가릴 수 있는 동물은 오직 인간뿐이다. 인간의 똥오줌 조절은 자율신경계 반응에 의한 조절이므로 불가능해야 옳다. 그러나 인간은 이들 조절한다. 그래서 인간은 다른 생리적 기능도 일정 부분 조절할 수 있을 것이라는 말이다.

인간의 육체적 한계가 어디까지일지 궁금해 하는 것은 무의미해 보이기도 한다. 왜냐하면 육체적 한계를 극복하기 위해 인간은 두뇌를 이용해 그 한계를 다른 방식으로 극복할 수 있기 때문이다. 계산이 불편하면 계산기를 만들고, 추우면 옷을 입고 불을 지피며, 배가 고프면 돈으로 음식을 사서 먹으면 되기 때문이다. 그래서 인간의 육체적 한계 극복은 현재 진행형이기는 하지만, 인간 스스로 제한하고 있는 것인지도 모른다. 더불어 인간이 가진 육체적 능력을 개발해야 하는 당위성도 배제하게 되었을 것이다. 자연스레 한계에 도전하지 않게 되었음은 당연한 순서이다. 인간은 우리가 그러한 능력을 가졌는지, 또 가졌었는지에 대한 생각조차 차단하고 있을지도 모른다. 우리 스스로 인간의 육체적 한계를 만들고 있는 것은 아닌지 생각해 본다.

참고문헌

1. Semaw S, Rogers MJ, Quade J, et al. 2.6-Million-year-old stone tools and associated bones from OGS-6 and OGS-7, Gona, Afar, Ethiopia. J Hum Evol 2003; 45:169-77.

2. Vogel S. Prime Mover: A natural history of muscle. New York, NY: W.W. Norton&Company, Inc., 2001.

3. Carrier DR. The energetic paradox of human running and hominid evolution. Curr Anthropol 1984; 25:483-95.

4. Westerterp KR, Saris WH, van Es M, et al. Use of the doubly labeled water technique in humans during heavy sustained exercise. J Appl Physiol 1986; 61:2162-7.

5. Peterson CC, Nagy KA, Diamond J, et al. Sustained metabolic scope. Proc Natl Acad Sci 1990; 87:2324-8.

6. Hammond KA, Diamond J. Maximal sustained energy budgets in humans and animals. Nature 1997; 386:457-62.

7. Toloza EM, Lam M, Diamond JM. Nutrient extraction by cold-exposed mice: a test of digestive safety margins. Am J Physiol 1991; 261:G608-20.

8. Hammond KA, Diamond JM. Limits to dietary nutrient intakes

and intestinal nutrient uptakes in lactating mice. Physiol Zool 1994; 67:282-303.

9. Hammond KA, Konarzewski M, Torres R, et al. Metabolic ceilings under a combination of peak energy demands. Physiol Zool 1994; 68:1479-1506.

10. Secor SM, Diamond JM. Adaptive responses to feeding in Burmese pythons-pay before pumping. J Exp Biol 1995; 198:1313-25.

11. Else PL, Hulbert AJ. Comparison of the 'mammal machine' and the 'reptile machine': energy production. Am J Physiol 1981; 240:R3-9.

12. McComas AJ. Skeletal Muscle: Form and Function. Champaign, IL: Human Kinetics, 1996.

13. Kooyman GL, Ponganis PJ. The physiological basis of diving to depth: birds and mammals. Ann Rev Physiol 1998; 60:19-32.

14. Williams PE, Goldspink G. Changes in sarcomere length and physiological properties in immobilized muscle. J Anat 1978; 127:459-68.

15. Goldspink DF. Exercise-related changes in protein turnover

in mammalian striated muscle. J Exp Biol 1991; 160:127-48.

16. Hoppeler H, Lindstedt SL. Malleability of skeletal muscle in overcoming limitations: structural elements. J Exp Biol 1985; 115:355-64.

17. Weibel ER. The Pathway for Oxygen: Structure and Function in the Mammalian Respiratory System. Cambridge, MA: Harvard University Press, 1984.

18. Swaddle JP, Biewener AA. Exercise and reduced muscle mass in starlings. Nature 2000; 406:585.

19. Napier JR, Napier PH. A Handbook of Living Primates. London, UK: Academic Press, 1967.

20. Full RJ, Tu MS. Mechanics of a rapid running insect: two-, four- and six-legged locomotion. J Exp Biol 1991; 156:215-31.

21. Alexander RMcN. Bipedal animals, and their differences from humans. J Anat 2004; 204:321-30.

22. Donelan JM, Kram R, Kuo AD. Mechanical and metabolic determinants of the preferred step width in human walking. Proc Biol Sci 2001; 268:1985-92.

23. Passmore R, Durnin JVGA. Human energy expenditure. Physiol Rev 1955; 35:801-40.

24. Lee R. The Kung San: men, women, and work in a foraging society. Cambridge, UK: Cambridge University Press, 1979.

25. Thorstensson A, Roberthson H. Adaptations to changing speed in human locomotion: speed of transition between walking and running. Acta Physiol Scand 1987; 131:211-4.

26. Di Prampero PE. The energy cost of human locomotion on land and in water. Int J Sports Med 1986; 7:55-72.

27. Alexander RMcN, Maloiy GMO, Hunter B, et al. Mechanical stresses in fast locomotion of buffalo (Syncerus caffer) and elephant (Loxodonta africana). J Zool 1979; 189:135-44.

28. Sikes SK. The Natural History of the African Elephants. London, UK: Weidenfeld & Nicholson, 1971.

29. Guy PR. Diurnal activity patterns of elephant in the Sengwa area, Rhodesia. E Afr Wild J 1976; 14:285-95.

30. Taylor CR, Heglund NC, Maloiy CMO. Energetics and mechanics of terrestrial locomotion. I. Metabolic energy consumption as a function of speed and body size in birds and mammals. J Exp Biol, 1982;97:1-21.

31. Howell AB. Speed in Animals. Chicago, IL: University of Chicago Press, 1944.

32. Alexander RMcN. Dynamics of Dinosaurs and Other Extinct Giants. New York, NY: Columbia University Press, 1989.

33. Bennett MB, Ker RF, Dimery NJ, et al. Mechanical properties of various mammalian tendons. J Zool Lond (A) 1986; 209:537-48.

34. Ker RF, Bennett MB, Bibby SR, et al. The spring in the arch of the human foot. Nature 1987; 325:147-9.

35. Biewener AA, Konieczynski DD, Baudinette RV. In vivo muscle force-length behaviour during steady-speed hopping in Tammar wallabies. J Exp Biol 1998; 201:1681-94.

36. Owerkowicz T, Farmer CG, Hicks JW, et al. Contribution of gular pumping to lung ventilation in monitor lizards. Science 1999; 284:1661-3.

37. Bramble DM, Carrier DR. Running and breathing in mammals. Science 1983; 219(4582):251-6.

38. Kram R. Inexpensive load carrying by rhinoceros beetles. J Exp Biol 1996; 199:609-12.

39. Cotterell B, Kamminga J. Mechanics of Pre-Industrial Technology. Cambridge, UK: Cambridge University Press, 1990.

40. Fitchen J. Building Construction before Mechanization.

Cambridge, MA: MIT Press, 1986.

41. Maloiy GMO, Heglund NC, Prager LM, et al. Energetic cost of carrying loads: have African women discovered an economic way? Nature 1986; 319:668-9.

42. Taylor CR, Heglund NC, McMahon TA, et al. Energetic cost of generating muscular force during running. A comparison of large and small animals. J Exp Biol 1980; 86:9-18.

43. Jones CDR, Jarjou MS, Whitehead RG, et al. Fatness and the energy cost of carrying loads in African women. Lancet 1987; 12:1331-2.

44. Soule RG, Goldman RF. Energy cost of loads carried on the head, hands, or feet. J Appl Physiol 1969; 27:687-90.

45. Legg SJ, Mahanty A. Energy cost of backpacking in heavy boots. Ergonomics 1986; 29:433-8.

46. Wirtz P, Ries G. The pace of life reanalysed: why does walking speed of pedestrians correlate with city size? Behaviour, 1992; 123:77-83.

47. Lejeune TM, Willems PA, Heglund NC. Mechanics and energetics of human locomotion on sand. J Exp Biol 1998; 201:2071-80.

48. Pandolf KB, Haisman MF, Goldman RF. Metabolic energy expenditure and terrain coefficients for walking on snow. Ergonomics 1976; 19:683-90.

49. Margaria R. Biomechanics and energetics of muscular exercise. Oxford, UK: Clarendon Press, 1975.

50. Minetti AE. Optimum gradient of mountain paths. J Appl Physiol 1995; 79:1698-703.

51. van Mechelen W, Twisk JW, Post GB, et al. Physical activity of young people: the Amsterdam Longitudinal Growth and Health Study. Med Sci Sports Exerc 2000; 32:1610-6.

52. Caspersen CJ, Pereira MA, Curran KM. Changes in physical activity patterns in the United States, by sex and cross-sectional age. Med Sci Sports Exerc 2000; 32:1601-9.

53. Ingram DK, Jucker M, Spangler EL. Behavioral manifestations of aging. In: Pathology of Aging Animals, Vol 1: Rat, Mohr U, Capen C, Dungworth D. (eds). Washington, DC: ILSI Press, 1994, pp. 149-70.

54. Weed JL, Lane MA, Roth GS, et al. Activity measures in rhesus monkeys on long-term calorie restriction. Physiol Behav 1997; 62:97-103.

55. Ye S, Leung V, Khan A, et al. The antennal system and cockroach evasive behavior. I. Roles for visual and mechano-sensory cues in the response. J Comp Physiol (A) 2003; 189:89-96.

56. Ridgel AL, Ritzmann RE, Schaefer PL. Effects of aging on behavior and leg kinematics during locomotion in two species of cockroach. J Exp Biol 2003; 206:4453-65.

57. Czeisler CA, Duffy JF, Shanahan TL, et al. Stability, precision, and near-24-hour period of the human circadian pacemaker. Science 1999; 284(5423):2177-81.

58. Mistlberger RE, Skene DJ. Social influences on mammalian circadian rhythms: animal and human studies. Biol Rev Camb Philos Soc 2004; 79:533-56.

59. Goel N. Late-night presentation of auditory stimulus phase delays human circadian rhythms. Am J Physiol 2005; 289:R209-16.

60. Oishibashi Y, Kakizawa T, Otsuka A, et al. Disturbances of sleep and waking in handicapped children (II): Trend of circadian rhythm disorders in deaf children. Jpn J Psychiatry Neurol 1993; 47:464-5.

61. Johnson CH. Forty years of PRC's what have we learned? Chronobiol Int 1999; 16:711-43.

62. Reebs SG, Mrosovsky N. Effects of induced wheel running on the circadian activity rhythms of Syrian hamsters: entrainment and phase response curve. J Biol Rhythms 1989; 4:39-48.

63. Folk GE Jr. Responses to seasonal change in polar mammals. Handbook of Physiology: Environmental Physiology Chpt 24, Fregly MJ, Blatteis CM. (eds). Am Physiol Soc; Oxford University Press, 1996, pp. 541-56.

64. Roberts JC. Thermogenic responses to prolonged cold exposure: birds and mammals. Handbook of Physiology: Environmental Physiology Chpt 18, Fregly MJ, Blatteis CM. (eds). Am Physiol Soc; Oxford University Press, 1996, pp. 399-418.

65. Irving L. Physiological adaptation to cold in arctic and tropical animals. Fed Proc 1951; 10:543-5.

66. Chatfield PO, Lyman CP, Irving L. Physiological adaptation to cold of peripheral nerve in the leg of the herring gull (Larus argentatus). Am J Physiol 1953; 172:639-44.

67. Andersen KL, Hart JS, Hammel HT, et al. Metabolic and thermal response of Eskimos during muscular exertion in the cold. J Appl Physiol 1963; 18:613-8.

68. Andersen KL, Loyning Y, Nelms JD, et al. Metabolic and thermal response to a moderate cold exposure in nomadic Lapps. J Appl Physiol 1960; 15:649-53.

69. Brown GM, Page J. The effect of chronic exposure to cold on temperature and blood flow of the hand. J Appl Physiol 1952; 5:220-7.

70. Hicks CS. Terrestrial animals in cold: exploratory studies of primitive man. Handbook of Physiology: Adaptation to the Environment sect 4, Dill DB, Adolph EF, Wilber CG. (eds). Washington, DC: Am Physiol Soc, 1964, pp. 405-12.

71. Wyndham CH, Morrison JF. Adjustment to cold of Bushmen in the Kalahari desert. J Appl Physiol 1958; 13:219-25.

72. Hong SK. Pattern of cold adaptation in women divers of Korea (Ama). Fed Proc 1973; 32:1614-22.

73. Kang BS, Song SH, Suh CS, et al. Changes in body temperature and basal metabolic rate of the Ama. J Appl Physiol 1963; 18:483-8.

74. Rode A, Shephard RJ. Ten years of "civilization": fitness of Canadian Inuit. J Appl Physiol 1984; 56:1472-7.

75. Wheeler PE. Stand tall and stay cool. New Scientist 1988; 118:62-5.

76. Briese E. Circadian body temperature rhythm and behavior of rats in thermoclines. Physiol Behav 1986; 37:839-47.

77. Cabanac M. Heat stress and behavior. Handbook of Physiology: Environmental Physiology Chpt 13, Fregly MJ, Blatteis CM. (eds). Am Physiol Soc; Oxford University Press, 1996. pp. 261-78.

78. Wood SC. Interactions between hypoxia and hypothermia. Ann Rev Physiol 1991; 53:71-85.

79. Wenger CB. Human heat acclimatization.: Human Performance Physiology and Environmental Medicine at Terrestrial Extremes. Chpt 4, Pandolf KB, Sawka MN, Gonzalez RR. (eds). Benchmark Press Inc., 1988, pp. 153-95.

80. Neel JV. Diabetes mellitus: a "thrifty" genotype rendered detrimental by "progress."? Am J Hum Genet 1962; 14:353-62.

81. Ritenbaugh C, Goodby CS. Beyond the thrifty gene: meta-

bolic implications of prehistoric migration into the New World. Med Anthropol 1989; 11:227-36.

82. Brown PJ, Konner M. An anthropological perspective on obesity. Ann NY Acad Sci 1987; 499:29-46.

83. Sachdev PS. Behavioural factors affecting physical health of the New Zealand Maori. Soc Sci Med 1990; 30:431-40.

84. Bray GA. Classification and evaluation of the obesities. Med Clin North Am 1989; 73:161-84.

85. Salmon DM, Flatt JP. Effect of dietary fat content on the incidence of obesity among ad libitum fed mice. Int J Obes 1985; 9:443-9.

86. Mercer SW, Trayhurn P. Effect of high fat diets on energy balance and thermogenesis in brown adipose tissue of lean and genetically obese (ob/ob) mice. J Nutr 1987; 117:2147-53.

87. Sclafani A. Carbohydrate taste, appetite, and obesity: an overview. Neurosci Behav Rev 1987; 11:131-53.

88. Rodin J, Schank D, Striegel-Moore R. Psychological features of obesity. Med Clin North Am 1989; 73:47-66.

89. Rolls BJ, Hetherington M, Burley VJ. The specificity of

satiety: the influence of foods of different macronutrient content on the development of satiety. Physiol Behav 1988; 43:145-53.

90. Bouchard C. Genetic factors in obesity. Med Clin North Am 1989; 73:67-81.

91. Ravussin E, Bogardus C. Energy expenditure in the obese: is there a thrifty gene? Infusion stherapie 1990; 17:108-12.

92. Price RA, Stunkard AJ. Commingling analysis of obesity in twins. Hum Hered 1989; 39:121-35.

93. Bouchard C. Current understanding of the etiology of obesity: genetic and nongenetic factors. Am J Clin Nutr 1991; 53:1562S-5S.

94. Au D, Weihs D. At high speeds dolphins save energy by leaping. Nature 1980; 284:548-50.

95. Williams RM, Davis RW, Fuiman LA, et al. Sink or swim: strategies for cost-efficient diving by marine mammals. Science 2000; 288:133-6.

96. Kooyman GL. Weddell Seal: Consummate Diver. Cambridge, UK: Cambridge University Press 1981.

97. Falke KJ, Hill RD, Qvist J, et al. Seal lungs collapse during

free diving: evidence from arterial nitrogen tensions. Science 1985; 229:556-8.

98. Lenfant G, Elsner R, Kooyman GL, et al. Re$piratory function of the blood of the adult and fetal Weddell seal-Leptonychotes weddelli. Am J Physiol 1969; 216:1595-7.

99. Qvist J, Hill RD, Schneider RC, et al. Hemoglobin concentrations and blood gas tensions of free-diving Weddell seals. J Appl Physiol 1986; 61:1560-9.

100. Persson SG, Ekman L, Lydin G, et al. Circulatory effects of splenectomy in the horse. II. Effect on plasma volume and total and circulating red cell volume. Zentralbl Veterinarmed 1973; 20:456-68.

101. Bert P. Leçons sur la Physiologie Comparée de la Respiration. Paris: Balinie're 1870.

102. Zapol WM, Liggins GC, Schneider RC, et al. Regional blood flow during simulated diving in the conscious Weddell seal. J Appl Physiol 1979; 47:968-73.

103. Glasheen JW, McMahon TA. A hydrodynamic model of locomotion in the Basilisk Lizard. Nature 1996; 380:340-2.

104. Glasheen JW, McMahon TA. Size-dependence of water-

running ability in Basilisk lizards (Basiliscus Basiliscus). J Exp Biol 1996; 199:2611-8.

105. Blackstone E, Morrison M, Roth MB. H2S induces a suspended animation-like state in mice. Science 2005; 308:518.

106. Boutilier RG. Mechanisms of metabolic defense against hypoxia in hibernating frogs. Respir Physiol 2001; 128:365-77.

107. Stinner J, Zarlinga N, Orcutt S. Overwintering behaviour of adult bullfrogs, Rana catesbeiana, in northeastern Ohio. Ohio J Sci 1994; 94:8-13.

108. Aschoff J, Pohl H. Rhythmic variations in energy metabolism. Fed Proc 1970; 29:1541-52.

109. Donohoe PH, West TG, Boutilier RG. Respiratory, metabolic, and acid-base correlates of aerobic metabolic rate reduction in overwintering frogs. Am J Physiol 1998; 274:R704-10.

110. Donohoe PH, Boutilier RG. The protective effects of metabolic rate depression in hypoxic cold submerged frogs. Respir Physiol 1998; 111:325-36.

111. Wang LCH. Ecological, physiological and biochemical aspects

of torpor in mammals and birds. In: Animal Adaptation to Cold. Advances in Comparative and Environmental Physiology, Vol 4, Wang LCH (ed). Heidelberg: Springer Verlag, 1989, pp. 361-401.

112. Kronfeld-Schor N, Richardson C, Salivia BA, et al. Dissociation of leptin secretion and adiposity during prehibernatory fattening in little brown bats. Am J Physiol 2000; 279:R1277-81.

113. Wickler SJ, Hoyt DF, van Breukelen F. Disuse atrophy in the hibernating golden-mantled ground squirrel, Spermophilus lateralis. Am J Physiol 1991; 261:R1214-7.

114. Tinker DB, Harlow HJ, Beck TD. Protein use and muscle fiber changes in free-ranging, hibernating black bears. Physiol Zool 1998; 71:414-24.